Jonas Simon

# Zusammenfassung für das Zentralabitur 2015. Leistungskurs Chemie

GRIN Verlag

**Bibliografische Information der Deutschen Nationalbibliothek:**

Die Deutsche Bibliothek verzeichnet diese Publikation in der Deutschen National-
bibliografie; detaillierte bibliografische Daten sind im Internet über http://dnb.d-
nb.de/ abrufbar.



**Impressum:**

Copyright © 2015 GRIN Verlag GmbH
Druck und Bindung: Books on Demand GmbH, Norderstedt Germany
ISBN: 978-3-656-94129-3

**Dieses Buch bei GRIN:**

http://www.grin.com/de/e-book/295844/zusammenfassung-fuer-das-zentralabitur-
2015-leistungskurs-chemie

**Zusammenfassung für das Zentralabitur 2015**
**Leistungskurs: Chemie**

# Inhaltsverzeichnis

# 1.1. Kohlenstoff-Wasserstoff-Verbindungen

## Alkane

| *Definition:* | - gesättigte Kohlenwasserstoffe; |
| --- | --- |
| | - über Einfachbindungen verknüpft; |
| | - allgemeine Formel: $C_nH_{2n+2}$ |

### Homologe Reihe

| n | Name | n | Name | n | Name |
| --- | --- | --- | --- | --- | --- |
| 1 | Methan | 5 | Pentan | 9 | Nonan |
| 2 | Ethan | 6 | Hexan | 10 | Decan |
| 3 | Propan | 7 | Heptan | 11 | Undecan |
| 4 | Butan | 8 | Octan | 12 | Dodecan |

(n = Gesamtzahl der Kohlenstoffatome in der Kette)

### Physikalischen Eigenschaften

*Löslichkeit:*
- aufgrund ihres unpolaren Charakters sind Alkane hydrophob & lipophil
- Stoffe mit ähnlichen zwischen molekularen Kräften lösen sich ineinander.
  → VAN-DER-WAALS-Kräfte zwischen den Alkanmolekülen deutlich schwächer als die vorhandenen Wasserstoffbrückenbindungen im Wassermolekül.

*Viskosität:*
- innerhalb der homologen Reihe ändert sich das Fließverhalten der Alkane.
  → Beim Fließen gleiten die Moleküle aneinander vorbei.
- Bei größeren Molekülen sind die VAN-DER-WAALS-Bindungen stärker, sodass der Fließvorgang behindert wird.

*Siedepunkt:*
- Beim Schmelzen und beim Sieden müssen allgemein die zwischenmolekularen Kräfte überwunden werden;
- Steigende Anzahl der C-Atome = höhere Schmelz- & Siedetemperaturen.
  → VAN-DER-WAALS-Kräfte nehmen mit zunehmender Masse zu.
- Verzweigte Kohlenwasserstoffe haben tiefere Schmelz- & Siedetemperaturen
  → Je verzweigter ein Molekül, desto näher ist es der Kugelgestalt, desto geringer sind die Oberfläche und die VAN-DER-WAALS-Kräfte.

### Radikalische Substitution (an Kohlenwasserstoffen) ($S_R$):

Die Halogenierung der Alkane verläuft nach dem Reaktionsmechanismus der radikalischen Substitution. (Hier am Beispiel der Chlorierung von Methan)

**Startreaktion:**

a)
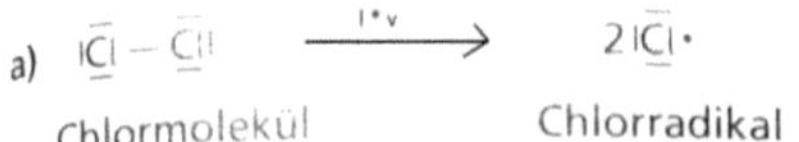


Das Chlormolekül wird durch Energie, Lichteinfluss, homolytisch zu 2 Chlorradikalen

**Kettenreaktion:**

b)
$$\overline{|\underline{Cl}|}\cdot \;+\; H-\overset{\displaystyle H}{\underset{\displaystyle H}{C}}-H \;\longrightarrow\; H-\overset{H}{C}\cdot{}_{H} \;+\; \overline{|\underline{Cl}|}-H$$

Chlorradikal   Methan                    Methylradikal   Chlorwasserstoff

c)
$$H-\overset{H}{C}\cdot{}_{H} \;+\; |\overline{\underline{Cl}}|-\overline{\underline{Cl}}| \;\longrightarrow\; H-\overset{\displaystyle H}{\underset{\displaystyle H}{C}}-\overline{\underline{Cl}}| \;+\; |\overline{\underline{Cl}}|\cdot$$

Methylradikal   Chlormolekül                Chlormethan        Chlorradikal

Durch die Reaktion eines Chlorradikals mit Methan entsteht Chlorwasserstoff und ein Methylradikal als reaktive Zwischenstufe.
Dieses stabilisiert sich durch Reaktion mit einem weiteren Chlormolekül, wodurch Chlormethan und ein neues Chlorradikal entsteht.
Die Reaktion setzt sich bis zum Kettenabbruch fort.


**Abbruchreaktion:**

d) $\; 2\;|\overline{\underline{Cl}}|\cdot \;\longrightarrow\; |\overline{\underline{Cl}}|-\overline{\underline{Cl}}|$

e)
$$H-\overset{H}{C}\cdot{}_{H} \;+\; |\overline{\underline{Cl}}|\cdot \;\longrightarrow\; H-\overset{\displaystyle H}{\underset{\displaystyle H}{C}}-\overline{\underline{Cl}}|$$

f)
$$2\;H-\overset{H}{C}\cdot{}_{H} \;\longrightarrow\; H-\overset{\displaystyle H}{\underset{\displaystyle H}{C}}-\overset{\displaystyle H}{\underset{\displaystyle H}{C}}-H$$

Durch Zusammenstoß zweier Radikale entsteht ein neues Molekül, die Radikaleigenschaft geht verloren, sodass keine Kettenreaktion mehr möglich ist.


## Isomerie:

| | |
|---|---|
| *Definition:* | Unterschiedliche Verbindungen mit gleicher Molekülformel. |

*Stellungs-Isomerie:*   Unterschiedliche Verknüpfungsstellen bei gleichen funktionellen Gruppen. Beispielsweise bei Halogenalkanen kommt die Stellungs-Isomerie zum Tragen: *1-Chlorpropan & 2-Chlorpropan*

Gerüst-Isomerie:   Unterschiedlicher Aufbau des Kohlenstoffgerüsts. Zum Beispiel: *n-Butan & 2-Methylpropan (Isobutan).*

*n-Butan*

*Isobutan*

## Alkene und Alkine

| | |
|---|---|
| *Definition:* | - ungesättigte Kohlenwasserstoffe; |
| | - enthalten Doppelbindung/en, bzw. Dreifachbindung/en |
| | allgemeine Formel: $C_nH_{2n}$ |

### Physikalischen Eigenschaften

Die Alkene ähneln in ihren physikalischen Eigenschaften den Alkanen. Die Siedepunkte der höheren Alkene liegen unter den Siedepunkten der entsprechenden Alkane, da die starren Doppelbindungen das gegenseitige „Anschmiegen" der Ketten behindern und dadurch die van-der-Waals-Kräfte herabsetzen.

### Isomerie:

Neben der Konstitutionsisomerie (Strukturisomerie), unterscheiden sich Alkene auch in ihrer Konfiguration. Diese Isomere werden allgemein als Stereoisomere bezeichnet.

*Cis-trans-Isomerie:*  Verschiedene Anordnungen von Substituenten an einer Doppelbindung (oder an einem aromatischen Ring).

→ Durch die π-Bindungen ist die freie Drehbarkeit um die C-C-Bindungsachse aufgehoben, sodass cis-trans-Isomere existieren.

| |
|---|
| *Merke:* Trans-Form besitzt eine höhere Molekülsymmetrie, sodass sich diese leichter in ein Molekülgitter einbauen lassen. →Trans-Form höhere Schmelztemperatur als cis-Form! |
| Cis-Form = Dipol. Trans-Form = unpolar, da sich die Dipolmomente aufgrund der symmetrischen Anordnung aufheben. →Cis-Form höhere Siedetemperatur als trans-Form! |

### Elektrophile Addition (an Doppelbindungen) ($A_E$):

| | |
|---|---|
| *Allgemein:* | Angriff eines elektrophilen Teilchens (+) (Bsp. HBr, $Br_2$, $Cl_2$, etc.) an einer C=C Zweifachbindung. *Besonderheit:* Die Addition von Brom wird als Nachweis für Doppelbindungen genutzt (Bromwasserprobe). |



1)  Wenn sich ein $Br_2$-Molekül der Doppelbindung eines Alkens nähert, kommt es zu einer Polarisierung des Brom-Moleküls. Dieser Zustand wird auch als **π-Komplex bezeichnet.**
2)  Das polarisierte Brommolekül wird heterolytisch gespalten. Dies führt schließlich zur Ausbildung von Bindungen zwischen den Kohlenstoffatomen und dem positiv polarisierten Bromatom aus.
3)  An das Bromonium-Ion lagert sich nun das Brom-Nucleophil von der Rückseite her an.

**Einfluss des positiven und des negativen induktiven Effektes auf die Addition**

Wird ein Halogen an ein unsymmetrisches Alken addiert, entstehen unterschiedliche Anteile zweier Produkte. Tatsächlich einsteht im Beispiel (rechts) ein größerer Anteil von 2-Brom-2-methylpropan. Dies ist damit zu begründen, dass die Reaktion zu diesem Produkt über ein tertiäres Carbenium-Ion abläuft, andernfalls über ein primäres. Das tertiäre Carbenium-Ion ist stabiler als das primäre, da bei ihm die positive Ladung durch den +I-Effekt der beiden Methyl-Gruppen stärker ausgeglichen wird.

Eine entsprechende Regel ist die MARKOWNIKOW-Regel, welche besagt, dass bei der Anlagerung von Halogenwasserstoffen an asymmetrische Alkene das Wasserstoffatom immer an das bereits wasserstoffreichere Kohlenstoffatom gebunden wird.

**Relativität verschiedener Alkene**

Alkylsubstituenten an der Doppelbindung erhöhen die Elektronendichte der Doppelbindung (+I-Effekt). → Erhöhung der Reaktionsgeschwindigkeit.

Substituenten mit höherer Elektronegativität als das C-Atom (Bsp. Halogene), ziehen die Elektronen weg, sodass die Elektronendichte vermindert wird. → Abnahme der Reaktionsgeschwindigkeit

Abnahme der Reaktionsgeschwindigkeit

Abb. 10.12: Reaktivität von Alkenen (bei der elektrophilen Addition)

| Im Vergleich: | Die Reaktivität der Alkine gegenüber Elektrophilen ist jedoch deutlich geringer ist als die der entsprechenden Alkene. Da der Bindungsabstand kleiner ist, werden die π-Elektronen stärker durch die C-Atomkerne angezogen und sind weniger leicht polarisierbar. |
|---|---|
| | Alkane sind sehr reaktionsträge, da ihre Bindungen sehr stabil sind. Aus diesem Grund lassen sie sich lediglich durch radikalische Substitution *halogenieren*. |

# 1.2.  Alkanole (Alkohole)

| *Definition:* | - funktionelle Gruppe = Hydroxy-Gruppe (OH-Gruppe); |
|---|---|
| | - Endung = -ol |

Einteilung (nach Stellung der OH-Gruppe)

Butan-1-ol
(primäres Alkanol)

2-Methylpropan-1-ol
(primäres Alkanol)

Butan-2-ol
(sekundäres Alkanol)

2-Methylpropan-2-ol (*tert*-Butanol)
(tertiäres Alkanol)

## Einteilung (nach Anzahl der OH-Gruppe)

| einwertiger Alkohol | zweiwertiger Alkohol | dreiwertiger Alkohol |
|---|---|---|
| $CH_3$<br>\|<br>$OH$ | $CH_2-CH_2$<br>\|　　\|<br>$OH$　$OH$ | $CH_2-CH-CH_2$<br>\|　　\|　　\|<br>$OH$　$OH$　$OH$ |
| Methanol | Ethan-1,2-diol | Propan-1,2,3-triol |

## Isomerie:

Bei längerkettigen Alkanolen gibt es zwei verschiedene Arten der Isomerie: *Gerüstisomerie & Stellungsisomerie (siehe Alkane)*

## Physikalischen Eigenschaften

*Löslichkeit:*　　- kurzkettige Alkohole sind in Wasser mischbar (hydrophil).

→ OH-Gruppe bildet mit Wasser-Molekülen Wasserstoffbrücken aus & ermöglicht die Löslichkeit in Wasser.

- langkettige Alkohole sind in Wasser unlöslich (hydrophob).

→ hydrophober Charakter des Alkyl-Rests überwiegt.

→ Butanol schon nur noch begrenzt in Wasser löslich.

*Siedepunkt:*　　- Alkohole haben viel höhere Siedetemperaturen als Alkane

→ starke zwischenmolekulare Kräfte aufgrund der Wasserstoffbrückenbindungen zwischen den Hydroxy-Gruppen & der Dipol Wechselwirkungen.

- mehrwertige Alkohole = mehrere Wasserstoffbrücken = höhere Siedetemperatur
- Steigende Anzahl der C-Atome = höhere Schmelz- & Siedetemperaturen.

→ VAN-DER-WAALS-Kräfte nehmen mit zunehmender Masse zu.

## Chemische Reaktionen der Alkohole

### 1) Acidität der Hydroxy-Gruppe

$$R-\overline{\underline{O}}-H + H_2O \rightleftharpoons R-\overline{\underline{O}}|^- + H_3O^+$$

+I-, +M-Effekt

$pK_S = 15{,}7$

$pK_S \approx 18$

−I-, −M-Effekt

$pK_S = 9{,}9$

Alkohole können im Sinne BRÖNSTEDS als Säure reagieren. Jedoch wird die Polarität der Hydroxy-Gruppe durch den +I-Effekt des Alkyl-Restes stark vermindert, sodass Alkohole viel schwächere Säuren als Wasser sind.

Phenole dissoziieren zu einem größeren Teil zu $H_3O^+$, da die O-H-Bindung durch den +M-Effekt des Sauerstoffatoms geschwächt wird und eine leichtere Abgabe eines Protons möglich ist. Außerdem ist das nach der Protolyse entstandene Phenolat-Anion stark mesomeriestabilisiert.

### 2) Reaktion von Alkoholen mit Alkalimetallen

$$H-\underset{\underset{H}{|}}{\overset{\overset{H}{|}}{C}}-\underset{\underset{H}{|}}{\overset{\overset{H}{|}}{C}}-\overline{\underline{O}}-H + Na \rightarrow H-\underset{\underset{H}{|}}{\overset{\overset{H}{|}}{C}}-\underset{\underset{H}{|}}{\overset{\overset{H}{|}}{C}}-\overline{\underline{O}}|^{\ominus} + Na^+ + \tfrac{1}{2}H_2$$

Ethanol　　　　　Ethanolat-Ion

Das Alkoholat-Ion $RO^-$ ist eine sehr starke Base die mit Wasser zu Alkohol und $OH^-$ reagiert.

## 3) Säurekatalytische Dehydratisierung / Eliminierung

Eliminierungsreaktion: Abspaltung von Atomen oder Atomgruppen aus einem Molekül unter Bildung einer C/C-Mehrfachbindung.

Bei der Dehydratisierung eines Alkohols entsteht ein Alken. Unter Dehydratisierung versteht man allgemein die Abspaltung von Wasser.

Das Proton ($H^+$) einer Säure greift elektrophil am freien Elektronenpaar des O-Atoms der Hydroxy-Gruppe an, sodass ein hochreaktives Oxonium-Ion entsteht.

Durch die Abspaltung von Wasser entsteht ein sehr reaktives Carbenium-Ion.

Das Carbenium-Ion stabilisiert sich, indem ein Proton auf ein Wasser-Molekül als Base übertragen wird. Dabei bildet sich eine C=C-Zweifachbindung aus.

<u>Rückbildung des Katalysators</u>

$$H_3O^+ \longrightarrow H_2O + H^+$$

## 4) Etherbildung

Ether sind zwei organische Reste über ein Sauerstoffatom verbunden ($R_1$-O-$R_2$).
→ nicht wasserlöslich (keine Wasserstoffbrücken);
→ deshalb auch niedrigerer Siedepunkte als entsprechende Alkohole;
→ Alkanole & Ether = Funktions-Isomere: Gleiche Summenformel, aber unterschiedliche funktionelle Gruppen.

a)

Kondensation zweier Alkohole unter Einwirkung von konzentrierter Schwefelsäure.

b)

Umsetzung eines Alkoholats mit einem Halogenalkan (Williamson-Synthese) durch nucleophile Substitution ($S_N$).

c)

Elektrophile Addition eines Alkohol an ein Alken. (z.B. Herstellung von MTBE)

## Nucleophile Substitution (an Halogenalkanen) (S$_N$)

Diese ist eine typische **Synthesereaktion für Alkohole.** Man unterscheidet zwischen **SN$_1$** und **SN$_2$** Reaktion. Hier wird eine nucleophile negative Gruppe (Lewis-Base), durch eine andere substituiert.

**SN$_1$-Mechanismus:**

1)

$$H-\underset{H}{\overset{H}{C}}-\overline{C}l\,| \quad \underset{\xrightarrow{\hspace{1cm}}}{\xleftarrow{\text{langsam}}} \quad CH_3^+ \;+\; Cl^-$$

Chlormethan    Carbenium-Ion    Nucleofug

Ionisation des Substrates in ein Carbenium-Ion und das Nuclefug als reaktionsbestimmender Schritt.

2)

$$CH_3^+ \;+\; OH^- \xrightarrow{\text{schnell}} H-\underset{H}{\overset{H}{C}}-OH$$

Carbenium-Ion    Nucleophil    Methanol

Schnelle Reaktion zwischen dem Carbenium-Ion und dem Nucleophil zu Menthanol.

**SN$_2$-Mechanismus:**

$$HO^- \;+\; \overset{}{>}\!-Br \rightleftharpoons \left[\overset{\delta^-}{HO}\cdots\overset{}{C}\cdots\overset{\delta^-}{Br}\right]^- \rightleftharpoons HO-\!\!< \;+\; Br^-$$

Übergangszustand

Das Nucleophil greift von der „Rückseite" zum austretenden Nucleofug das Substrat an. Bildungsspaltung und Bindungsneubildung laufen gleichzeitig ab, sodass es einen „quasi fünfbindigen" Übergangszustand gibt. Handelt es sich um ein chirales Edukt, so erfolgt eine Inversion. Dies wird "Walden Umkehr" oder "Regenschirmprinzip nach Krieger" genannt.

| Begriffserklärung: | | |
|---|---|---|
| | *Nucleofug* | Abgangsgruppe oder austretende Gruppe. |
| | *Nucleophil* | Teilchen wie das Hydroxid-Ion (negativ geladen), die C-Atome angreifen. |

**Energieprofile**

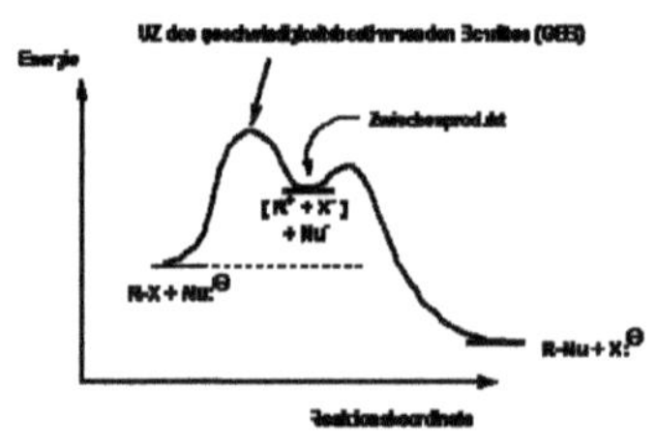

SN$_1$- Mechanismus

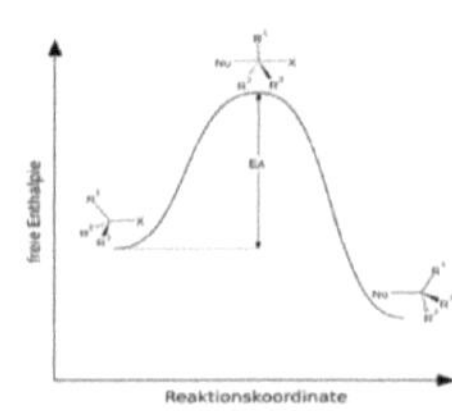

SN$_2$- Mechanismus

**Konkurrenz zwischen SN$_1$ und SN$_2$**

Man kann aber ein paar Regeln aufstellen, mit denen man vorhersagen kann, ob eher eine $S_N1$- oder eher eine $S_N2$-Reaktion stattfindet. Die wichtigsten Faktoren, die den Verlauf der Reaktion beeinflussen sind:

*Art des organischen Edukts:*    → $SN_1$-Mechanismus an tertiären-C-Atomen

→ $SN_2$-Mechanismis an primären-C-Atomen

Grund hierfür ist die Stabilität des Carbenium-Ions, das beim $SN_1$-Mechanismus als Zwischenprodukt entsteht. Durch den +I-Effekt der drei Alkylgruppen wird die positive Ladung am tertiären C-Atom gut kompensiert, was die hohe Stabilität dieser Ionen erklärt.

Außerdem kann der $SN_2$-Mechanismus nicht an tertiären C-Atomen ablaufen, da aufgrund sterischer Gründe (Größe der Substituenten) ein rückseitiger Angriff am Reaktionszentrum verhindert wird.

*Polarität des Lösemittels:*    → polare Lösemittel = $SN_1$-Mechanismus

→ unpolare Lösemittel = $SN_2$-Mechanismus

=> Polare Lösemittel stabilisieren Carbenium-Ionen durch Solvatation (z.B. Hydrathülle).


## Redoxreaktionen

> Eine Redoxreaktion ist eine chemische Umsetzung bei der gleichzeitig Oxidation und Reduktion, also ein Elektronenübergang stattfindet.

**Regeln zur Bestimmung der Oxidationszahl**

1) Die Bindungselektronen eines jeden Atoms werden dem stärker elektronegativen Bindungspartner zugeordnet. Besitzen beide Bindungspartner die gleiche Elektronegativität, so wird jedem Atom die Hälfte der Bindungselektronen zugeordnet.

2) Dann wird die Ladung des betreffenden Atoms ermittelt. Sie wird als Oxidationszahl mit römischen Ziffern angegeben. Ein Vorzeichen wird nur bei negativen Werten gesetzt.

Beispiel:

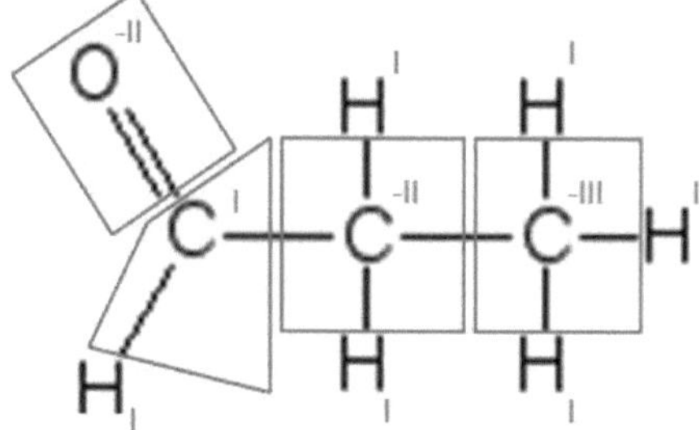


Tipp:    - Sauerstoff hat die Oxidationszahl -II, außer bei Peroxiden.

- Wasserstoff hat die Oxidationszahl +I, außer bei Metallhydriden

## Aufstellen von Redox-Gleichungen - Am Beispiel der Oxidation von Propan-1-ol

1) Oxidationszahlen der beteiligten Elemente bestimmen.

2) Teilreaktionen identifizieren (Oxidation/Reduktion)
    → Oxidation: Erhöhung der Oxidationszahl (-e⁻)
    → Reduktion: Erniedrigung der Oxidationszahl (+e⁻)

3) Die Summe der vom Reduktionsmittel abgegebenen Elektronen muss mit der Summe vom Oxidationsmittel aufgenommen Elektronen übereinstimmen. (AUSGLEICHEN)

4) Summe der Ionenladung bestimmen und mit OH⁻ (alkalisch) oder H⁺ (sauer) ausgleichen.

5) Die Anzahl der Atome muss ausgeglichen werden.
    → Meist laufen die Reaktionen in wässrigen Lösungen ab, deshalb kann man $2H_2O$ ergänzen.

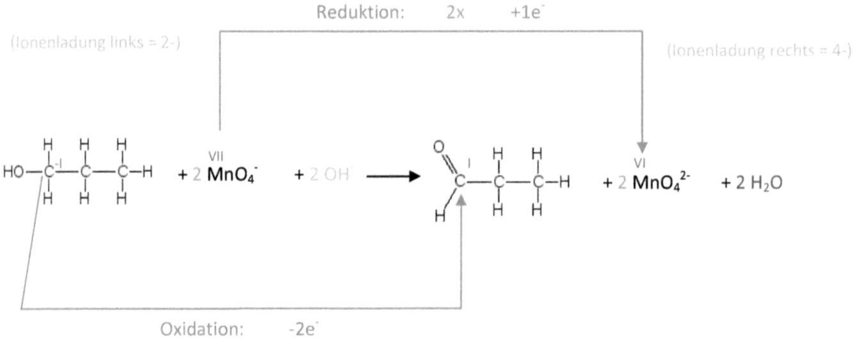

Reduktion: $2x$ $+1e^-$

(Ionenladung links = 2-)      (Ionenladung rechts = 4-)

$$HO-C-C-C-H + 2\,MnO_4^- + 2\,OH^- \longrightarrow C-C-C-H + 2\,MnO_4^{2-} + 2\,H_2O$$

Oxidation: $-2e^-$

| | |
|---|---|
| *Merke:* | Kaliumpermanganat ist ein sehr beliebtes und starkes Oxidationsmittel, da es von der Oxidationszahl VII bis auf Mangan(II)sulfat reduziert werden kann. Das Produkt ist durch die Farbe der wässrigen Lösung identifizierbar. |

## Oxidierbarkeit primärer, sekundärer und tertiärer Alkohole (unvollständige Oxidation)

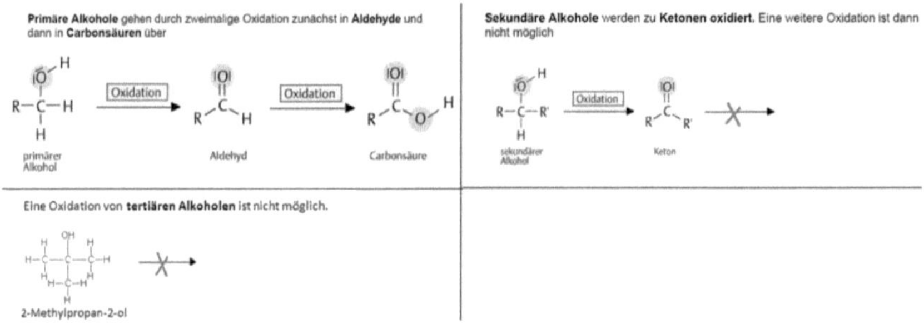

**Primäre Alkohole** gehen durch zweimalige Oxidation zunächst in **Aldehyde** und dann in **Carbonsäuren** über

primärer Alkohol — (Oxidation) → Aldehyd — (Oxidation) → Carbonsäure

**Sekundäre Alkohole** werden zu **Ketonen oxidiert**. Eine weitere Oxidation ist dann nicht möglich

sekundärer Alkohol — (Oxidation) → Keton —✗→

Eine Oxidation von **tertiären Alkoholen** ist nicht möglich.

2-Methylpropan-2-ol —✗→

## Verbrennung / vollständige Oxidation

$$\underset{\text{Ethanol}}{C_2H_5OH} + \underset{\text{Sauerstoff}}{\underline{3}\ O_2} \xrightarrow{\text{Verbrennung}} 2\ \underset{\text{Kohlendioxid}}{CO_2} + 3\ \underset{\text{Wasser}}{H_2O}$$

> Verbrennungsreaktion allgemein:
> Kohlenwasserstoff + Sauerstoff
> → Kohlenstoffdioxid + Wasser

## Alcotest

Früher nutzt man die Oxidierbarkeit von Ethanol, um den Alkoholgehalt der Atemluft von Autofahrern zu bestimmten. Während des Testes wird Ethanol durch das orangefarbene Kaliumdichromat oxidiert. In diesem Salz liegt das Chrom in der Oxidationsstufe +VI. Bei der Reaktion mit Ethanol wird es zu grünem Chrom mit einer Oxidationsstufe von +III reduziert, gleichzeitig wird der Ethanol zu Acetalaldehyd oxidiert. (Schwefelsäure als Katalysator)

# 1.3.   Carbonylverbindungen

## Aldehyde (Alkanale) & Ketone (Alkanone)

| *Definition:* | - funktionelle Gruppe = Carbonylgruppe (C=O);<br>- C=O an primären C-Atom = Aldehyd (-al);<br>- C=O an sekundären C-Atom = Keton (-on) | 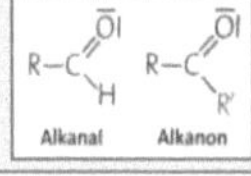 |
|---|---|---|

### Eigenschaften und Verwendung der wichtigsten Alkanale & Alkanone

| Name nach IUPAC | Trivialname | Formel | Eigenschaften/Verwendung |
|---|---|---|---|
| **Mathanal** | Formaldehyd | $CH_2O$ | Stechend riechendes Gas, in wässriger Lösung wird Formalin genannt; Verwendung: Kunstoffindustrie, Konservierungsmittel, Desinfektionsmittel |
| **Ethanal** | Acetaldehyd | $CH_3CHO$ | Farblose Flüssigkeit mit niedriger Siedetemperatur & scharfem Geruch; Verwendung: Oxidation zu Essigsäure, Grundstoff für Medikamente/Farbstoffe |
| **Benzaldehyd** | / | $C_6H_5CHO$ | Farblose, ölige Flüssigkeit, die nach bitteren Mandeln riecht, ungiftig; Verwendung: Duftträger für Backwaren „Marzipan" |
| **Propanon** | Aceton | $CH_3COCH_3$ | Klare, farblose Flüssigkeit, aromatisch riechend, feuergefährlich; Verwendung: wichtiges technisches Lösemittel |

### Bindungsverhältnisse in der Carbonyl-Gruppe

- Bindungslänge C=O-Bindung ist mit 122 pm um 21 pm kleiner als die C-O-Einfachbindung
- C-Atom & O-Atom = $sp^2$-hybridisiert
    - → Dabei überlappen je ein $sp^2$-Hybridorbial des C- & O-Atoms zu einer σ-Bindung.
    - → Die beiden nicht an der Hybridisierung beteiligten $p_z$-Orbitale überlappen zur π-Bindung.
- Die beiden weiteren $sp^2$-Orbitale des Kohlenstoffs bilden σ-Bindungen zu zwei Nachbaratomen aus.
- Die beiden restlichen $sp^2$-Orbitale des Sauerstoffs bilden die beiden freien Elektronenpaare

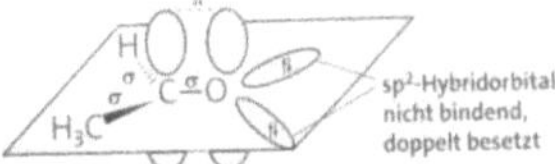

## Nucleophile Additionsreaktionen an der Carbonyl-Gruppe

| | |
|---|---|
| *Additionsreaktion:* | Anlagerung von Atomen/Molekülen/Ionen an ein ungesättigtes Molekül. |
| *Nucleophil:* | Teilchen wie das Hydroxid-Ion (negativ geladen), die C-Atome angreifen. |

### a) Acetalbildung (allgemein: Aldehyd + 2 Alkohol [Kat.])

- polar gebundenes H-Atom einer Säure greift elektrophil am freien Elektronenpaar des O-Atoms an
→ hochreaktives Carbenium-Ion

- Nucleophiler Angriff des O-Atoms des Alkohols mit einem freien Elektronenpaar am Carbenium-Ion → Oxonium-Ion
- Durch Abspaltung eines Protons stabilisiert sich das Molekül und der Katalysator wird zurück gebildet. → Halbacetal

- Durch die Portionierung der OH-Gruppe des Halbacetals und der anschließenden Wasserabspaltung → Carbenium-Ion

- Nucleophiler Angriff des O-Atoms des Alkohols mit einem freien Elektronenpaar am Carbenium-Ion → Oxonium-Ion
- Durch Abspaltung eines Protons stabilisiert sich das Molekül und der Katalysator wird zurück gebildet. → Acetal

| | |
|---|---|
| *Halbacetal:* | Chemische Verbindungen, bei denen eine Hydroxy-Gruppe (-OH) und eine Alkoxyl-Gruppe (-OR), an dem gleiche C-Atom gebunden sind. |
| *Acetal:* | Chemische Verbindungen, bei denen zwei Alkoxyl-Gruppe (-OR), an dem gleichen C-Atom gebunden sind. |

### b) Hydratbildung: Addition von Wasser

1) Das Wassermolekül greift als Nucleophil mit einem freien Elektronenpaar am Sauerstoffatom an. Dabei entsteht ein Zwitterion.
2) Durch die intramolekulare Protolyse stabilisiert sich das Molekül.

| | |
|---|---|
| *Hydrate:* | Allgemein Substanzen, die Wasser enthalten. |

| *Allgemein:* | Alkanone reagieren langsamer als Alkanale mit gleicher Anzahl an C Atomen => von beiden Seiten +I-Effekt der Alkyl-Gruppen, sodass das O-Atom weniger positiv geladen ist als das O-Atom bei Alkanalen. |
| --- | --- |

## Aldehyd-Nachweise

### a) Tollens-Probe

Durchführung: In ein sauberes Reagenzglas wird 1ml Silbernitrat-Lösung gegeben und mit wenig (1 Tropfen) Natronlauge versetzt. Nun tropft man solange Ammoniaklösung hinzu, bis sich die anfangs entstehende Trübung wieder löst. Danach gibt man ein paar Tropfen eines Aldehyds hinzu und erwärmt das Reagenzglas im Wasserbad.

Beobachtung: Nach kurzer Zeit oder nach wenigen Minuten im Wasserbad färbt sich die Lösung schwarz und die Reagenzglaswand wird versilbert.

Deutung: Primär ist die Tollens-Probe ein Nachweis für Aldehyde. Bei diesem Nachweis werden Silber-Ionen zu elementarem Silber reduziert, während das Aldehyd zur Säure oxidiert wird. Das bei der Reaktion entstande elementare Silber scheidet sich an der Wand des Reagenzglases ab und sorgt für den „Spiegeleffekt".

1) Natronlauge wirkt alkalisch, sodass die Silberionen mit den Hydroxidionen Silberhydroxid bilden, was als Niederschlag ausfällt.

$$AgNO_{3(aq)} + NaOH_{(aq)} \rightarrow NaNO_{3\,(aq)} + AgOH_{(aq)}$$

2) Dieser Niederschlag kann dann mit weiterer Ammoniak-Lösung in einem Silberdiamin-Komplex gebunden werden, der wiederum in Lösung geht.

$$AgOH_{(aq)} + 2NH_{3\,(aq)} \rightarrow [Ag(NH_3)_2]^+{}_{(aq)} + OH^-{}_{(aq)}$$

Silberdiaminkomplex

3) Das zugegebene Aldehyd wird zur Säure oxidiert und die Silber-Ionen zu elementarem Silber reduziert.



### b) Fehling-Probe

Durchführung: In einem Reagenzglas werden Fehling I mit Fehling II, also eine Kupfer(II)sulfat Lösung mit einer alkalischen Kaliumnatriumtartrat-Lösung, im Verhältnis 1:1 vermischt. Danach fügt man wenige Tropfen des Aldehyds hinzu und erwärmt das Reagenzglas im siedenden Wasserbad.

| | |
|---|---|
| Beobachtung: | Beim Vorhandensein von Einfachzuckern wie Glucose und bei Aldehyden fällt ein gelbroter oder kupferroter Niederschlag aus. |
| Deutung: | Die Fehling- Probe ist ein Nachweis von reduzierenden Zuckern und Aldehyden. Beim Zusammengeben der beiden Fehlinglösungen, beziehungsweise Kupfer(II)sulfat Lösung (Fehling 1) und Kaliumnatriumtartrat-Lösung (Fehling 2), bildet sich ein tiefblauer Tartrato-Kufer(II)-Komplex. Nach dem Erhitzen werden die $Cu^{2+}$-Ionen zu $Cu^{+}$-Ionen reduziert und es entsteht der rote Niederschlag. Gleichzeitig wird das Aldehyd zu einer Carbonsäure oxidiert. |

---

> Sowohl mir der Fehling- als auch mit der Tollensprobe lassen sich die Aldehydgruppen reduzierender Zucker wie Glucose, Lactose oder Maltose nachweisen. Ketone oxidieren nicht!
>
> Auch bei Ameisensäure (Methansäure) funktioniert der Aldehydnachweis, da sie als einzige Alkansäure eine CHO-Gruppe aufweist. Methansäure wird dann zu $CO_2$ oxidiert.

## 1.4.  Carbonsäuren (Alkansäuren)

> *Definition:*    - funktionelle Gruppe = Carboxy-Gruppe (COOH-Gruppe);
> - Endung = -säure

### Physikalischen Eigenschaften

*Siedepunkt:*    - Carbonsäuren können durch Dimerisation untereinander 2 Wasserstoffbrücken ausbilden.
→ Siedetemperatur noch höher als bei Alkoholen vergleichbarer Masse.

*Löslichkeit:*    - Wie bei den Alkoholen nimmt mit zunehmender Kette die Wasserlöslichkeit ab.
→ Methan-/Ethan-/Propan-/Butansäure sind unbegrenzt mit $H_2O$ mischbar.

### Liste wichtiger organischer Carbonsäuren und deren Anionen

| IUPAC-Name der Säure | Trival-Name der Säure | IUPAC-Name der Salze | Trival-Name der Salze |
|---|---|---|---|
| Methansäure | Ameisensäure | Methan**oat** | Formiat |
| Ethansäure | Essigsäure | Ethan**oat** | Acetat |
| Propansäure | Propionsäure | Propan**oat** | Propionat |
| Butansäure | Buttersäure | Butan**oat** | Butyrat |

## Acidität/Säurestärke

Carbonsäuren sind BRÖNSTED-Säuren und ihre wässrige Lösung reagiert daher sauer. Organische Säure dissoziieren (zerfallen) nur zu einem geringen Teil zu $H_3O^+$ und dem korrespondierenden Carboxylat-Ion. Die Stärke der Dissoziation ist abhängig von der Säurestärke. Je stärker die Säure, desto stärker auch die Dissoziation, da die C=O-Gruppe Elektronen zu sich zieht (-I-Effekt) und somit das H-Atom besser abgespalten werden kann.

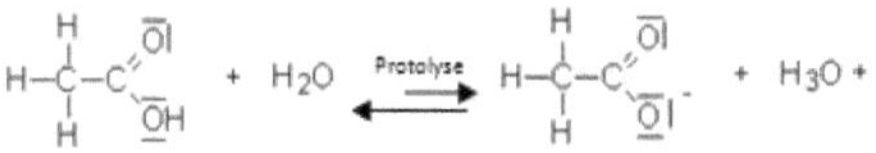

| | |
|---|---|
| $HAc + H_2O \rightleftharpoons Ac^- + H_3O^+$ | „schwache Säure" = schwacher Grad der Dissoziation |
| $NaOH + H_2O \longrightarrow Na^+ + OH^-$ | „starke Base" = vollständige Dissoziation |
| $NH_3 + H_2O \rightleftharpoons NH_4^+ + OH^-$ | „schwache Base" = schwacher Grad der Dissoziation |

> Die Säurestärke der Carbonsäuren nimmt in der homologen Reihe ab. Die Änderungen des pKs-Wertes beruht auf dem positiven Induktionseffekt (+I-Effekt) des Alkyl-Restes. Methansäure ist deutlich stärker (pK$_s$ von 3,7), da sie die einzige Carbonsäure ohne Alkyl-Gruppe ist und somit kein +I-Effekt die Polarität der O-H-Gruppe abschwächt.

> *Merke:* → Substituenten mit +I-Effekt erniedrigen die Säurestärke.
> → Substituenten mit –I-Effekt erhöhen die Säurestärke (Halogene).

Infolge der geringen Acidität von Carbonsäure nehmen ihre Säureanionen schon in wässriger Lösung wieder leicht Protonen auf und wandeln sich in die undissoziierte Säure um. Bei der Reaktion entstehen dann gleichzeitig OH$^-$-Ionen, sodass die wässrige Lösung, der Salze schwacher Säuren, alkalisch reagiert.

## Reaktion mit unedlen Metallen

Bei der Reaktion einer Carbonsäure mit einem unedlen Metall, entstehen unter Wasserstoffentwicklung die Salze der Carbonsäure. Bei der Reaktion von Ameisensäure mit Magnesium erhält man unter heftiger Wasserstoffentwicklung Magnesiumformiat.

$$Mg^{2+} \quad + \quad 2\,HCOOH \quad \rightarrow \quad Mg(OOCH)_2 \quad + \quad H_2$$

## Carbonsäuren mit mehreren funktionellen Gruppen

**Beispiele:**

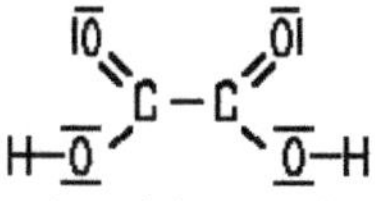

Oxalsäure (Ethandisäure)

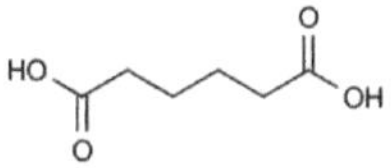

Adipinsäure (Hexandisäure)

## Säurestärke:

➢ Die Säurestärke ist höher als bei den Monocarbonsäuren. Kurzkettige Dicarbonsäuren sind stärker sauer als langkettige.

➢ Die beiden Carboxy-Gruppen üben aufeinander einen –I-Effekt aus, wodurch die Polarität der O-H-Bindung verstärkt wird, sodass die Säurestärke zunimmt. Der +I-Effekt des Alkyl-Restes nimmt bei Verlängerung der C-Kette rasch zu, sodass die Säurestärke abnimmt.

| | |
|---|---|
| *-I-Effekt:* | Besitzt der polare Substituent eine elektronenziehende Wirkung und verursacht er eine positive Partialladung, sagt man, er übt einen -I-Effekt (minus I-Effekt) aus. |
| *+I-Effekt:* | Wirkt der Substituent elektronenabstoßend, d.h. erzeigt er in seiner Umgebung eine negative Partialladung, dann übt er einen +I-Effekt (plus I-Effekt) aus. |

## Spiegelbildisomerie bei Hydroxysäuren

- Einige Hydroxycarbonsäuren kommen in **zwei Formen vor** (verhalten sich wie Bild und Spiegelbild).

→spiegelbildisomer/chiral

→C-Atom (C*) mit vier unterschiedlichen Substituenten verbunden = Chiralitätszentrum / asymmetrisches C-Atom

- mit der Fischer-Projektion stellt man die unterschiedlichen Konfigurationen der Isomere dar.

| Regel der Fischer-Projektions-Formel: | |
|---|---|
| 1. | Die C-Atome werden in senkrechter Kette angeordnet. |
| 2. | Das C-Atom mit der höchsten Oxidationszahl ist oben. |
| 3. | Die Substituienten am asymmetrischen C-Atom zeigen auf den Betrachter. |
| 4. | Namensgebend ob D (dexter/rechts) oder L (levus/links) ist die OH-Gruppe am „untersten" asymmetrischen C-Atom. |

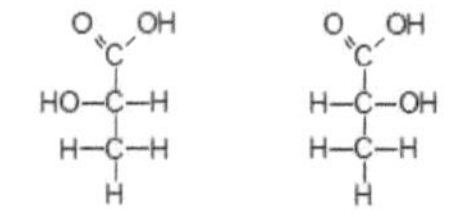

L-(+)-Milchsäure　　D-(-)-Milchsäure 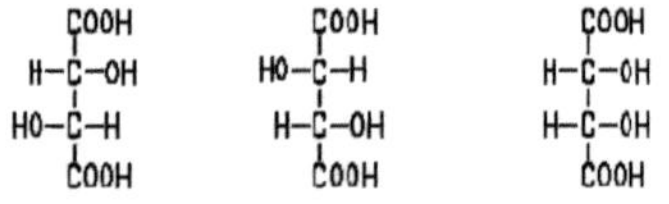　|　L(+)-Weinsäure　　D(-)-Weinsäure　　Mesoweinsäure

## Optische Aktivität

Chirale Verbindungen sind optisch aktiv, das heißt sie drehen die Schwingungsebene von linear polarisiertem Licht. Man gibt die Drehrichtung durch die Vorzeichen + (nach rechts, im Uhrzeigersinn) und – (nach links, gegen den Uhrzeigersinn) an.

# Ester

| | |
|---|---|
| *Definition:* | - Carbonsäure + primärer/sekundärer Alkohol (säurekatalytisch);<br>- funktionelle Gruppe = Ester-Gruppe (-COOR);<br>- Benennung: Säure + Alkyl-Rest des Alkohols + -ester |

## Eigenschaften / Verwendungen

Viele Ester kurzkettiger Alkansäuren haben einen angenehm fruchtigen Geruch und werden von daher als Fruchtaroma verwendet. Viele Ester finden als Lösungsmittel oder als Weichmacher von Kunststoff Verwendung.

## Esterbildung / Esterspaltung - Hydrolyse

| | |
|---|---|
| *Hydrolyse:* | Aufspaltung einer chem. Verbindung durch Anlagerung eines Wassermoleküls. |

## Säurekatalytische Hydrolyse:

Die säurekatalytische Esterspaltung läuft als Rückreaktion ab (=reversible) und ist somit die Rückreaktion der Esterbildung (Kondensation). [siehe Polyester-Mechanismus // Kunststoffe]

## Basenkatalytische Hydrolyse:

Im alkalischen lassen sich Ester quantitativ spalten. Ester lassen sich in der alkalischen Lösung vollständig spalten, da sich kein Gleichgewicht einstellt (letzter Schritt = irreversibel). Da diese Reaktion auch bei der Esterspaltung von Fetten zur Gewinnung von Seifen angewendet wird bezeichnet man sie auch als Verseifung.

Das Hydroxid-Ion greift am positivierten C-Atom des Esters nucleophil an, wobei gleichzeitig eine Bindung in Richtung des doppelt gebundenen Sauerstoffs verschoben wird.

Ein Alkoholat-Ion wird eliminiert.

Das entstandene Alkoholat-Ion ist eine sehr starke Base ($pK_B$ des Ethanolat-Ions: $-2$). Durch Protolyse nimmt das Alkoholat-Ion in einem praktisch irreversiblen Schritt ein Proton auf. Das dabei entstehende Carboxylat-Ion ist durch Mesomerie stabilisiert.

## 1.5. Aromatische Kohlenwasserstoffverbindungen

| | |
|---|---|
| *Definition:* | - kurz auch Aromate; |
| | - Ringförmige, delokalisieres $\pi$-Elektronensystem mit großer Mesomerieenergie; |
| | - Zahl der $\pi$-Elektronen im konjugierten Ringsystem: <u>4n + 2</u> (HÜCKEL-Regel) |

### Benzol (Benzen)

| | |
|---|---|
| *Definition:* | - allgemeine Formel $C_6H_6$; |
| | - eine farblose, giftige Flüssigkeit, unpolar, hydrophob; |
| | - Reaktionsverhalten ähnelt gesättigten Kohlenwasserstoffen / Molekülformel |
| | weist auf eine ungesättigtes Molekül hin. |

### Mesomerie:

- alle C-C-Bindungen im Benzolmolekül sind völlig gleichartig;
- Bindungslänge liegt mit 139 pm zwischen den Bindungslängen einer C-C-Einfachbindung (153 pm) und einer C=C-Doppelbindung (132 pm);
- Reaktion mit Halogenen (in Anwesenheit von Katalysatoren) = Substitutionsreaktion

    → Somit sind die Elektronen über den ganzen Ring delokalisiert und das Benzol Molekül ist mesomeriestabilisiert / Benzol besitzt keine isolierten Doppelbindungen!

*Entwicklung der Benzolformel durch KEKULÉ (1872)*
*→ nur eine mesomere Grenzstruktur von Benzen*

*Benzol – Darstellung der Aromatizität (HEUTE)*

### Mesomerie-Energie

Verbindungen mit delokalisierten Elektronen sind energetisch günstiger und damit stabiler als solche mit lokalisierten Einfach- und Mehrfachbindungen. Die Energiedifferenz zwischen den Verbindungen mit delokalisierten Elektronen und der hypothetischen Form mit lokalisierten Doppelbindungen bezeichnet man als Mesomerieenergie. Zur Ermittlung der Mesomerieenergie des Benzols vergleicht man die experimentell ermittelte und mit drei multiplizierte Hydrierungsenergie von Cyclohexen mit der Hydrierungsenthalpie von Benzol; die Differenz entspricht der Mesomerieenergie.

| | |
|---|---|
| Mesomerieenergie von Benzol : | $-360 - 209 = -151 \text{ KJ mol}^{-1}$ |

### Elektrophile Substitution (an Aromaten) ($S_E$):

| | |
|---|---|
| *Elektrophil* | „Elektronen liebend", Teilchen mit Elektronenmangel (positiv geladen) |
| *Substitution* | Austausch einzelner Atome/Atomgruppe im Molekül einer organischen Verbindung gegen andere Atome/Atomgruppen |

Typisch für Aromaten ist die elektrophile Substitution, da nur so das stabile aromatische System erhalten bleibt. Dabei wird ein Wasserstoffatom eines Aromaten durch ein angreifendes Elektrophil ersetzt. Da die Aktivierungsenergie (Addition des Bromid-Ions) verhältnismäßig groß ist, wird oft eine Lewis-Säure (z.B. $FeBr_3$) als Katalysator benötigt.

**Am Beispiel der Bromierung von Benzol:**

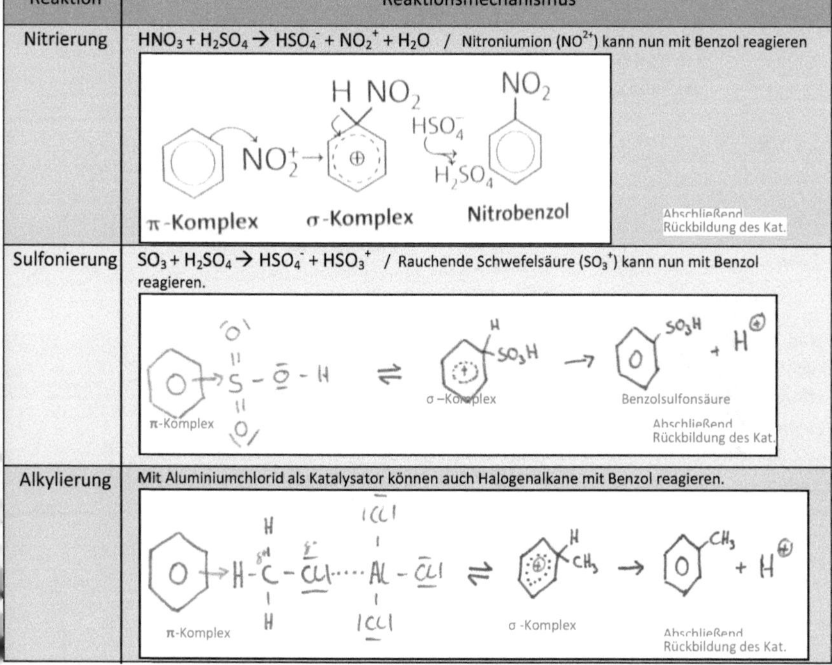



1. Das Brom-Molekül nähert sich dem $\pi$-Elektronensystem, es besteht eine Wechselwirkung, welche als $\pi$-Komplex bezeichnet wird.
2. Das Bromonium-Ion wird durch die Ausbildung eines $\sigma$-Komplex am Benzol gebunden. Das Carbenium-Ion ist mesomeriestabilisiert.
3. Der $\sigma$ –Komplex stabilisiert sich durch Abgabe eines Protons.

| Reaktion | Reaktionsmechanismus |
|---|---|
| Nitrierung | $HNO_3 + H_2SO_4 \rightarrow HSO_4^- + NO_2^+ + H_2O$  /  Nitroniumion ($NO^{2+}$) kann nun mit Benzol reagieren<br><br> |
| Sulfonierung | $SO_3 + H_2SO_4 \rightarrow HSO_4^- + HSO_3^+$  / Rauchende Schwefelsäure ($SO_3^+$) kann nun mit Benzol reagieren.<br><br> |
| Alkylierung | Mit Aluminiumchlorid als Katalysator können auch Halogenalkane mit Benzol reagieren.<br><br> |

# Derivate des Benzens

Ersetzt man im Benzol ein oder mehrere H-Atome durch Atome oder Atomgruppen, so gelangt man zu den Derivaten des Benzols. Auch Benzol-Derivate können mit Elektrophilen reagieren, wobei der Erstsubstituent die Reaktionsgeschwindigkeit (Reaktivität) und den Ort der Zweitsubstitution beeinflusst.

| OH | NH$_2$ | CH$_3$ | CH$_3$ / CH$_3$ | H$_2$COH | HCO | H$_3$C–CO | COOH |
|---|---|---|---|---|---|---|---|
| Phenol Hydroxybenzol | Anilin Aminobenzol | Toluol Methylbenzol | ortho-Xylol 1,2-Dimethylbenzol | Benzyl- alkohol | Benz- aldehyd | Aceto- phenon | Benzoe- säure |

## Wirkung von Erstsubstituenten

| Erstsubstituent | Induktionseffekt, Mesomerie-Effekt | Reaktivität im Vergleich zu Benzol | Dirigiert nach |
|---|---|---|---|
| -OH / -OR / -NH$_2$ | -I < +M | viel höher (aktivierend) | ortho und para |
| -Alkylrest | +I | größer (aktivierend) | |
| -Cl / -Br (-Halogene) | -I > +M | geringer (deaktivierend) | ortho und para |
| -NO$_2$ / -SO$_3$H / -CHO / - COOH / -COOR | -I und –M | viel geringer (deaktivierend) | meta |

*Mesomerer Effekt (M-Effekt):* Das freie Elektronenpaar eines im oder am Ring befindlichen Fremdatoms oder eine Atomgruppe mit Doppelbindung nimmt an der Elektronenverteilung im Kern teil

ortho-Stellung    meta-Stellung    para-Stellung

**Beispiel anhand von Phenol:** Die Hydroxy-Gruppe des Phenol-Moleküls übt einen +M-Effekt, welcher stärker als der -I-Effekt der Hydroxy-Gruppe ist, auf das $\pi$-Elektronensystem des Aromaten aus. Die mesomeren Grenzstrukturen des Phenol-Moleküls zeigen, dass sowohl in ortho-, als auch in para-Stellung negative Ladungen auftreten. Daraus folgt, dass ein elektrophiler Angriff erleichtert wird, sodass die Hydroxy-Gruppe des Phenol-Moleküls den Zweitsubstituenten in ortho- und para- Stellung dirigiert.

**Beispiel anhand von Benzoesäure:** Die Carboxygruppe übt einen -M-Effekt und einen -I-Effekt auf das aromatische π-Elektronensystem aus. Die mesomeren Grenzstrukturen der Benzoesäure zeigen, dass in der ortho- und para-Stellung eine positive Ladung auftreten kann, also weniger Elektronen verfügen als die meta-Stellung. Dieses erschwert den elektrophilen Angriff des Zweitsubstituenten, sodass dieser bevorzugt von dem Erstsubstituenten in die meta-Stellung dirigiert wird.

## Wirkung von Erstsubstituenten bei Alkylferivaten

Ein oder mehrere Wasserstoff-Atome des Benzols werden durch Alkylreste ersetzt. Das einfachste Alkylderivat des Benzols ist Methylbenzol (Toluol). Durch Anwendung unterschiedlicher Reaktionsbedingungen lassen sich Alkylbenzole gezielt am aromatischen *Kern* oder in der *Seitenkette* substituieren.

**KKK-Regel** (Kälte, Katalysator, Kern):

Bei niedrigen Temperaturen (Kälte) und in Anwesenheit eines Katalysators reagiert der Kern durch elektrophile Substitution (Mechanismus analog zur Erstsubstitution).

**SSS-Regel** (Sonnenlicht, Siedehitze, Seitenkette):

Bei erhöhter Temperatur (Siedehitze) und gleichzeitiger Bestrahlung mit Licht (Sonnenlicht) reagiert die Seitenkette durch radikalische Substitution.

| | |
|---|---|
| Startreaktion | $\overline{|Br}-\overline{Br|} \xrightarrow{\text{Licht}} \overline{|Br} \cdot + \overline{|Br} \cdot$ |
| Kettenreaktion | (Reaktionsschema) Diese Reaktion setzt sich bis zum Kettenabbruch fort! |
| Abbruchreaktion | Durch Zusammenstoß zweier Radikale werden die Radikale aus dem Reaktionsgeschehen entfernt. (3 Möglichkeiten) |

## Phenol

Verbindungen, bei denen eine oder mehrere OH-Gruppen unmittelbar an einen Benzolring gebunden sind, nennt man Phenole. Die einfachste Verbindung dieser Stoffklasse ist Monohydroxybenzol, das Phenol selbst. Phenol ist also ein Hydroxy-Derivat des Benzols.

<u>Acidität von Phenol:</u>    Phenol reagiert im Vergleich zu den kettenförmigen Alkoholen deutlich saurer, sein $pK_S$-Wert beträgt 10. Dies hat zwei Gründe:

1) Im Phenol Molekül tritt ein freies Elektronenpaar der OH-Gruppe in Wechselwirkung mit den delokalisierten π-Elektronen des aromatischen Kerns. Dadurch wird die Elektronendichte im Kern erhöht. Die OH-Gruppe besitzt einen +M-Effekt. Durch diesen +M-Effekt wird die Polarität der O-H-Bindung verstärkt und die Abgabe

des positiven Wasserstoff-Atoms der Hydroxy-Gruppe als Proton erleichtert.

2) Das nach der Protolyse entstandene Phenolat-Anion ist stark mesomeriestabilisiert, da die negative Ladung über das gesamte Ion verteilt ist.

---

Zweitsubstituenten mit –M-Effekt vermindern die Elektronendichte des Kerns, erhöhen so die Polarität der O-H-Bindung und damit die Säurestärke. So ist z.B. 2,4,6-Trinitrophenol viel stärker sauer als Phenol.

---

## Anilin

Das einfachste aromatische Amin ist Aminobenzol oder Anilin.

Basizität von Anilin:    Aufgrund des freien Elektronenpaares des Amino-Gruppe kann ein Anilin-Molekül als Base reagieren.

$$C_6H_5NH_{2\,(aq)} + H_2O_{(l)} \rightleftharpoons C_6H_5NH_3^+{}_{(aq)} + OH^-_{(aq)}$$

Die Amine haben eine umso größere Basenstärke, je besser das freie Elektronenpaar zu Bindung zur Verfügung gestellt werden kann. Anilin ist eine sehr schwache Base (pKB = 9,4) da sich das freie Elektronenpaar des Stickstoffs an der Delokalisation der π-Elektronen des Rings beteiligt. Die Elektronendichte des Stickstoff-Atoms ist dadurch so weit gesenkt, dass die Protonenaufnahme erschwert ist.

<u>Orbitalmodell – Molekülorbitale</u>

=> Eine Bindung entsteht durch die Überlappung von einfach besetzten Orbitalen zweier Atome zu Molekülorbitalen

## Einfachbindungen:

- Liegt eine C-C-Einfachbindung vor, so sind die beiden C-Atome $sp^3$-hybridisiert;
- Dabei überlappen je ein $sp^3$-Hyridorbital zu einer $\sigma$-Bindung;
- Restlichen $sp^3$-Hyridorbitale von den zwei C-Atomen => Bindung von X-Atomen (meist H-Atome);
- Bindungswinkel zwischen den $sp^3$-Hybridorbitalen = 109°;
- Die $sp^3$-Hybridorbitale zeigen in die Ecken eines Tetraeders;
- Beispiel: $CH_4$ (alle Alkane), $NH_3$, $H_2O$;

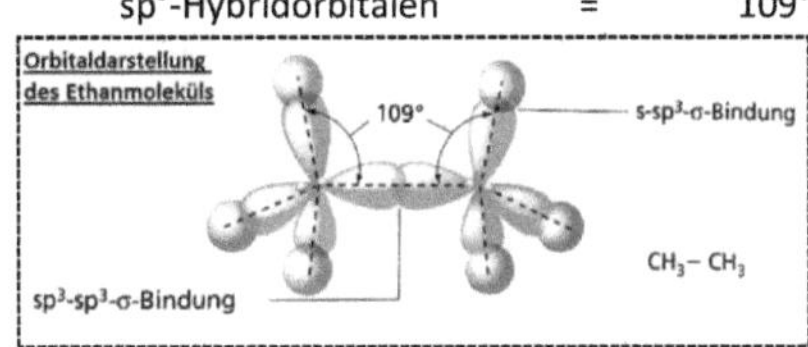


## Zweifachbindungen:

- Liegt eine C=C-Zweifachbindung vor, so sind die beiden C-Atome $sp^2$-hybridisiert;
- Die drei $sp^2$-Hybridorbitale der beiden C-Atome liegen in einer Ebene und zeigen in die Ecken eines gleichseitigen Dreiecks => Bindungswinkel betragen etwa 120°;
- Dabei überlappen je ein $sp^2$-Hybridorbitale zu einer $\sigma$-Bindung;
- Die verbleibenden $sp^2$-Hybridorbitale (2 pro C-Atom) können mit einem s-Orbital eines Wasserstoff-Atoms oder einem $sp^3$-Hybridorbital eines C-Atoms überlappen, sodass eine C-H-Bindung, bzw. eine C-C-Einfachbindung entsteht (ausgehend von Kohlenwasserstoffen);
- Die beiden nicht an der Hybridisierung beteiligten $p_z$-Orbitale überlappen zur $\pi$-Bindung;
- => Doppelbindungen zwischen zwei C-Atomen entstehen aus einer $\sigma$-Bindung und einer $\pi$-Bindung;

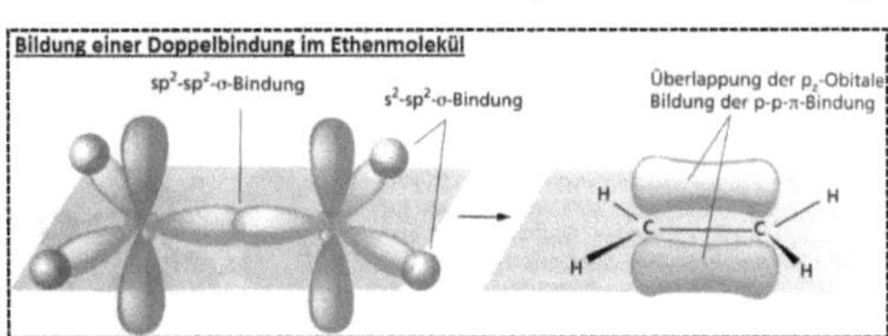


## Dreifachbindungen:

- Liegt eine C≡C-Dreifachbindung vor, so sind die beiden C-Atome sp-hybridisiert;
- Dabei überlappen je ein sp-Hybridorbital zu einer $\sigma$-Bindung;
- Der Bindungswinkel zwischen beiden sp-Hybridorbitalen beträgt 180° => linear angeordnet;
- Die nicht an der Hybridisierung beteiligten p-Orbitale überlappen zu zwei $\pi$-Bindungen, die flächensymmetrisch in einem Winkel von 90° zueinander stehen;
- => Dreifachbindungen zwischen zwei C-Atomen entstehen aus einer $\sigma$- und zwei $\pi$-Bindungen;

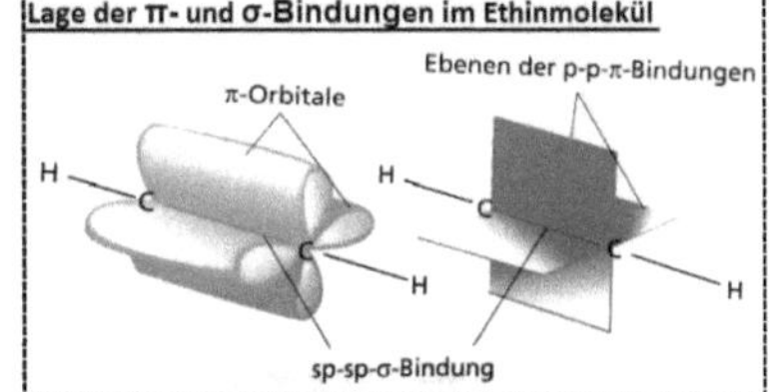

## 2.1. Naturstoffe

### Fette

#### Struktur von Fetten

Fette sind Ester aus dem dreiwertigen Alkohol Glycerin und langkettigen Carbonsäuren, den Fettsäuren. Da alle drei OH-Gruppen des Glycerins verestert sind, spricht man auch von Triglyceriden. Natürlich vorkommende Fette sind keine Reinstoffe, sondern ein Gemisch verschiedener Triglyceride.

→ Gesättigte Fettsäuren:　　Fettsäuren, die nur C-C Einfachbindungen enthalten

→ Ungesättigte Fettsäuren:　Fettsäuren, die C=C Doppelbindungen enthalten

$$H_2C-OH + HO-\overset{\overset{O}{\|}}{C}-C_{15}H_{31}$$
$$HC-OH + HO-\overset{\overset{O}{\|}}{C}-C_{15}H_{31}$$
$$H_2C-OH + HO-\overset{\overset{O}{\|}}{C}-C_{15}H_{31}$$

Glycerin + Palmitinsäure
(Alkohol)　(Fettsäure)

Veresterung
(Fettsynthese)

Verseifung
(Fetthydrolyse)

$$H_2C-O-\overset{\overset{O}{\|}}{C}-C_{15}H_{31} + H_2O$$
$$HC-O-\overset{\overset{O}{\|}}{C}-C_{15}H_{31} + H_2O$$
$$H_2C-O-\overset{\overset{O}{\|}}{C}-C_{15}H_{31} + H_2O$$

Fett +
Wasser

#### Eigenschaften von Fetten

- trotz dreier polarer Estergruppen hydrophob → unpolare Alkylreste der Fettsäuren überwiegen;
- Stoffe mit ähnlichen zwischenmolekularen Kräften lösen sich ineinander. → lipophil;
- Schmelzbereich = umso niedriger, je höher der Anteil an ungesättigten Fettsäuren (V.D.W.-Kräfte)

#### Fette in Nahrungsmitteln

Fette sind wichtige Energielieferanten. Sie versorgen den Körper mit essenziellen Fettsäuren und ermöglichen die Aufnahme wichtiger Vitamine und Geschmacksstoffe. Als besonders förderlich für die Gesundheit gelten Omega-3-Fettsäuren. Der Name bedeutet, dass die drittletzte Bindung in der C-C-Kette eine C=C-Zweifachbindung ist.



#### Fetthärtung

Bei der Fetthärtung werden flüssige Öle durch Hydrieren in feste Fette umgewandelt. Dabei werden Dreifach- und Doppelbindungen zwischen den Kohlenstoffatomen der Kette durch Anlagerung von Wasserstoff (hoher Druck, hohe Temperatur) aufgebrochen und durch Einfachbindungen ersetzt.　→ Industrielle Anwendung bei der Herstellung von Margarine

## Verseifung eines Fettes

- Erhitzt man Fette mit Natron- oder Kalilauge, so entstehen Glycerin und die Natrium- bzw. Kaliumsalze der Fettsäuren.

→ Natronseife = Kernseife / Kaliseife = Schmierseife;

- Seifen sind also die Alkalisalze von Fettsäuren;
- Verseifung = keine Gleichgewichtsreaktion, da letzte Schritt nicht umkehrbar ist.

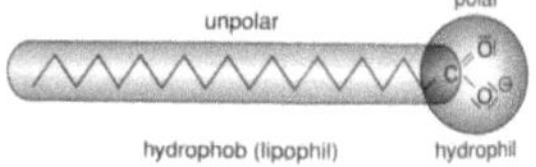


*Mechanismus:* siehe S. 16 / Ester / Basenkatalytische Hydrolyse

Die Fettsäureanionen sind für die Eigenschaften der Seifen verantwortlich. Sie besitzen einen langen unpolaren Alkylrest, dieser ist hydrophob. Die polare Carboxylatgruppe ist dagegen hydrophil. Dadurch setzten die Seifen die Oberflächenspannung herab und sind dadurch grenzflächenaktiv.

## Problematik der Seifen / Tenside

Seifen sind als Waschmittel nursehr bedingt geeignet, da sie alkalisch reagieren und Kalkseife bilden.

**Alkalische Reaktion:**

$$C_{16}H_{31}COONa_{(s)} + H_2O \rightleftharpoons C_{16}H_{31}COOH_{(s)} + \underline{OH^-} + Na^+$$

Das Gleichgewicht liegt auf der Seite der undissoziierten Säure, so dass die Hydoxid-Ionen die stark alkalische Reaktion der Seifenlösung bewirken (daher auch die Bezeichnung „Seifenlauge")

**Bildung von Kalkseife:**

$$2C_{17}H_{35}COO^- + 2Na^+ + Ca^{2+} + 2Cl^- \Rightarrow (C_{17}H_{35}COO^-)2Ca^{2+} + 2Na^+ + 2Cl^-$$

In hartem Wasser sind viele Calcium-Ionen enthalten, diese verbrauchen Seifenmoleküle und sorgen daher dafür, dass sowohl Fettlösungskraft als auch Grenzflächenaktivität verloren geht.

Heute setzt man zum Waschen fast nur noch **synthetische Tenside** ein. Ihre Moleküle enthalten keine hydrophile COO⁻Gruppe wie die Seifen, sodass sie in wässriger Lösung weder alkalisch reagieren noch schwerlösliche Calciumsalze bilden. Je nach Ladung dieser hydrophilen Gruppe unterscheidet man anionische, kationische, zwitterionische und nichtionische Tenside.

# Kohlenhydrate

| | |
|---|---|
| *Definition:* | - bestehen neben Kohlenstoff aus Sauerstoff und Waserstoff (Verhältnis 1:2) |
| | - allgemeine Summenformel $C_nH_{2n}O_n$ |
| | - Endung = -ose |
| | - Unterteilung: Monosaccharide, Disaccharide, Oligosaccharide (Mehrfachzucker = 2 bis 10) und Polysaccharide (Vielfachzucker = mehr als 10 Monosaccharide) |

## Monosaccharide

Monosaccharide können formal als Oxidationsprodukt der mehrwertigen Alkohole aufgefasst werden: Oxidation an einem primären C-Atom führt zu einer **Aldose**, an einem sekundären C-Atom zu einer **Ketose**. Die Einteilung erfolgt nach der Anzahl der Kohlenstoffatome:

C3-Kohlenhydrate: Triosen / C4-Kohlenhydrate: Tetrosen /

C5-Kohlenhydrate: Pentosen /  C6-Kohlenhydrate: Hexosen

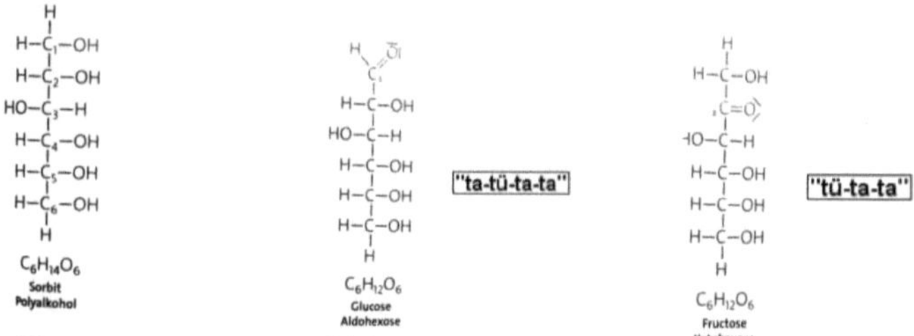


**Abb.** 13.2: Oxidationsprodukte von Polyalkoholen

| |
|---|
| Die OH-Gruppen, die links der C-Achse sind, werden mit „tü" und die OH-Gruppen, die rechts der C-Achse sind, mit „ta" bezeichnet. |

| |
|---|
| Regel der Fischer-Projektions-Formel:<br>1.    Die C-Atome werden in senkrechter Kette angeordnet.<br>2.    Das C-Atom mit der höchsten Oxidationszahl ist oben.<br>3.    Die Substituienten am asymmetrischen C-Atom zeigen auf den Betrachter.<br>4.    Namensgebend ob D (dexter/rechts) oder L (levus/links) ist die OH-Gruppe am „untersten" asymmetrischen C-Atom. |

### Spiegelbild-Isomerie und optische Aktivität

Zum Beispiel Glucose ($C_6H_{12}O_6$, Traubenzucker) besitzt eine Aldehydgruppe und fünf Hydroxygruppen. Vier der C-Atome der Glucose sind jeweils mit vier verschiedenen Atome oder Atomgruppen verbunden (C*), man bezeichnet sie als asymmetrische C-Atome, sie stellen ein Chiralitätszentrum dar. **Das heißt: Auch Zucker sind optisch aktiv!**

| |
|---|
| **Racemat:** Ein Gemisch von zwei Enantiomeren, welches nicht optisch aktiv ist, da beide Enantiomere in gleicher Menge vorhanden sind. (Optische Aktivität hebt sich auf) |

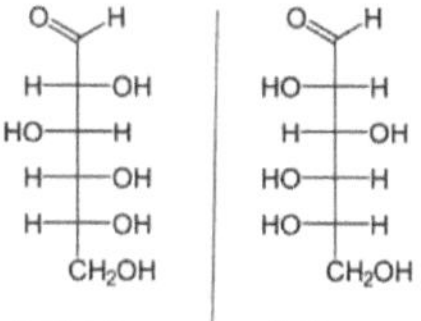

Diese beiden Isomere sind **keine Strukturisomere**, sondern gehören in die Gruppe der **Stereoisomere**, da ihre Sequenz unverändert ist und sie sich nur durch die räumliche Anordnung unterscheiden. Die Besonderheit ist nun, dass die eine Glucose das Spiegelbild der anderen ist. Somit spricht man von **Spiegelbildisomerie**, wobei L(-)- und D(+)-Glucose (=natürlich vorkommender Zucker) **Enantiomere** sind.

**Enantiomere:** Substanzen, deren Moleküle sich wie Bild und Spiegelbild verhalten und die nicht deckungsgleich sind, heißen Enantiomere. (von griech. Enantios = entgegengesetzt)

**Diastereomere:** Diastereomere sind Stereoisomere (gleiche Summenformel, aber unterschiedliche Anordnung der Atome), die sich nicht wie Bild und Spiegelbild verhalten.

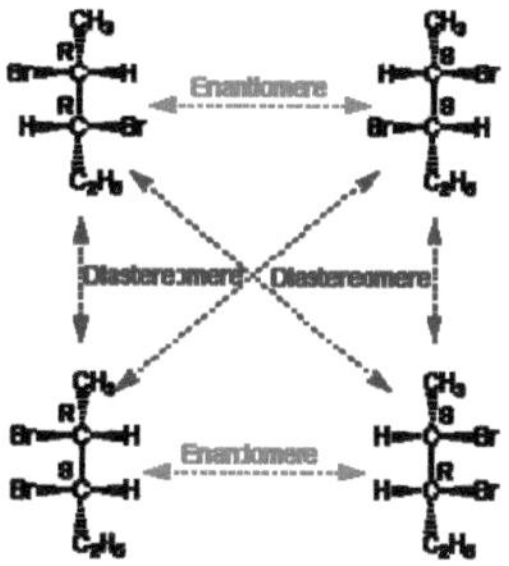

## Glucose

Glucose (Traubenzucker) ist ein Aldehyd, da sowohl TOLLENS-Probe *(siehe Seite 12)* als auch FEHLING-Probe *(siehe Seite 12)* positiv ausfallen. Glucose ist daher ein reduzierender Zucker.

**Ringformel (Haworth-Formel):** Durch Reaktion der Carbonyl-Gruppe am C-1-Atom mit der OH-Gruppe am C-5-Atom kommt es zum Ringschluss. Da das Produkt einer Reaktion zwischen einer Aldehyd-Gruppe und einer OH-Gruppe als Halbacetal bezeichnet wird, nennt man den entstandenen Ring <u>Halbacetalform</u>. Da diese Struktur dem Pyran entspricht, befindet sich Glucose in der <u>pyranoiden Form</u>. Substituenten, die in der FISCHER-Projektion nach rechts zeigen, werden in der HAWORTH-Formel nach unten gezeichnet, die nach links stehenden nach oben (FLHO-Regel). Durch den Ringschluss wird das Carbonyl-C der Glucose asymmetrisch, sodass man zwei Stereoisomere unterscheiden kann: Bei der α-Glucose zeigt die halbacetalische OH-Gruppe am C-1-Atom nach unten, bei der β-Glucose zeigt sie nach oben. Die HAWORTH-Ringformel gibt diese Struktur nur annähernd wieder. Tatsächlich ist der Ring sesselförmig.

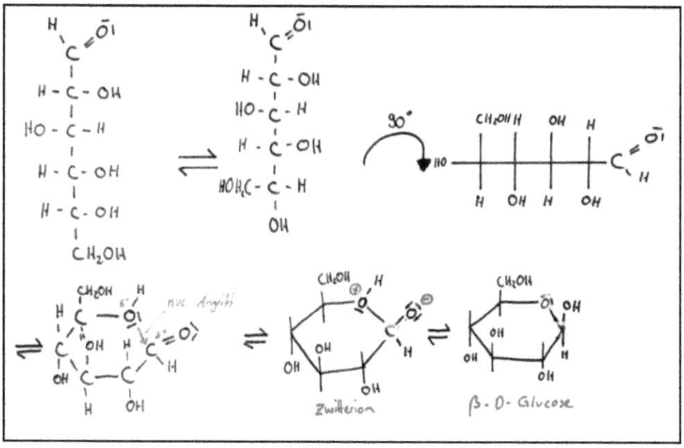

**Mutarotation:** In wässriger Glucose-Lösung liegt ein chemisches Gleichgewicht zwischen der offenen Kettenform und den beiden Ringformen vor: 36 % der Glucose-Moleküle liegen als α-Glucose, 64% als β-Glucose (=β-Glucose ist energetisch günstiger) und weniger als 0,1% der Moleküle liegen als offene Kette vor. Löst man reine α-Glucose oder reine β-Glucose in Wasser, stellt sich ein Gleichgewicht zwischen den beiden Formen und der Kettenform ein. Dadurch ändert sich auch der Drehwinkel der Lösung. Diese Erscheinung bezeichnet man als Mutarotation.

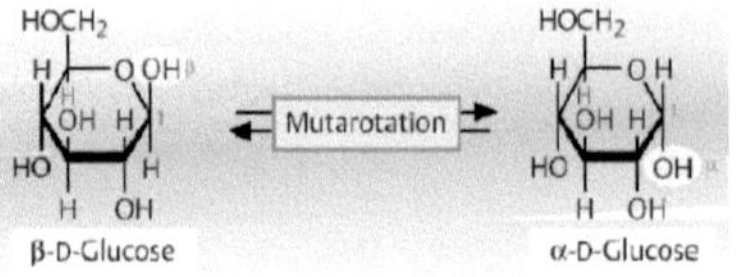

## Fructose

Fructose (Fruchtzucker) ist zu Glucose isomer und wird in der FISCHER-Projektion als 2-Ketohexose dargestellt. Kristalline Fructose liegt als Pyranose (Sechsring) vor; als Baustein der Saccharose (Rohrzucker) liegt sie als Fünfring vor, der auch nach dem Furan-Molekül als Furanose bezeichnet wird. Der Ringschluss in der Pyranoseform erfolgt über die Keto-Gruppe am C-2-Atom und die OH-Gruppe am C-6-Atom. Bei der Furanoseform schließt sich der Ring über die OH-Gruppe des C-Atoms.

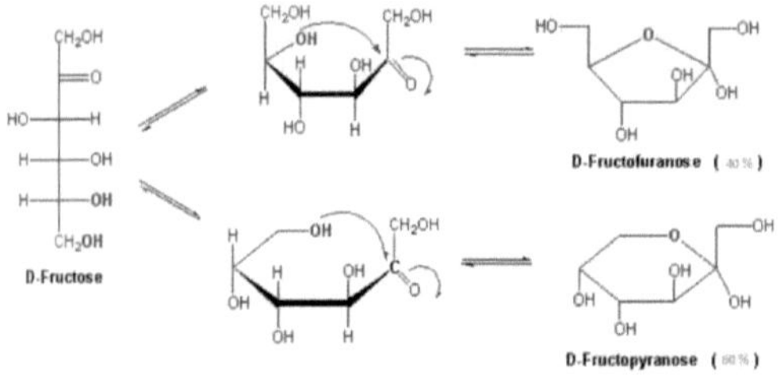

Auch bei der Fructose findet man **Mutarotation:** Beim Lösen kristalliner Fructose in Wasser stellt sich ein Gleichgewicht zwischen fünfgliedrigen (α=9 % & β=31 %) und sechsgliedrigen Ringformen (α=3 % & β=57 %) und der Kettenform (<1%) ein.

> **Anomere:** Isomere, welche sich nur durch die Konfiguration am anomeren Zentrum unterscheiden. → Bsp.: α-D-Glucose und β-D-Glucose.

**Keto-Enol-Tautomerie:** Obwohl Fructose eine Ketose ist, fällt der Nachweis mit FEHLING und TOLLENS dennoch positiv aus. Dies beruht auf der Umlagerung von Fructose in Glucose in wässriger alkalischer Lösung. Die Keto-Enol-Tautomerie ist eine Gleichgewichtsreaktion und Protonenwanderung, die im alkalischen Milieu von Hydroxidionen katalysiert wird:

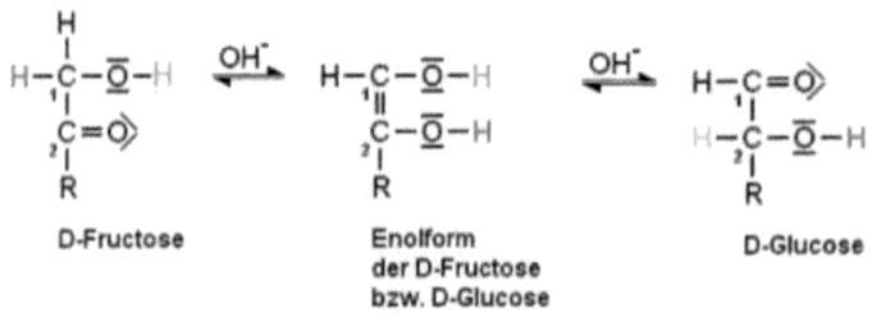

## Disaccharide

Disaccharide gehören zu den Oligosacchariden und sind durch den Zusammenschluss von zwei Monosacchariden entstanden. Dabei reagiert eine halbacetalische OH-Gruppe mit einer alkoholischen OH-Gruppe unter Wasserabspaltung. Es entstehen Acetale (=Glykoside).

| Disaccharid | Monomere Hexosen | Verknüpfungsart | Reduktions-vermögen | Strukturformel |
| --- | --- | --- | --- | --- |
| **Maltose** (**Malzzucker**) | α-Glucose α-Glucose | α-(1,4)-glykosidisch | Ja | |
| **Cellobiose** | β-Glucose β-Glucose | β-(1,4)-glykosidisch | Ja | |
| **Lactose** (**Milchzucker**) | β-Galactose β-Glucose | β-(1,4)-glykosidisch | Ja | |
| **Saccharose** (**Rohrzucker, Rübenzucker**) | α-Glucose β-Fructose | α-(1,2)-glykosidisch | Nein | |

Liegt bei der Verknüpfung der zweite Ring als Halbacetal vor, der sich zur Kette mit der Aldehyd-Gruppe öffnen kann, so wirkt der Zucker daher reduzierend (1,4- und 1,6-glykosidischer Verknüpfung). Sind dagegen die beiden Zuckermoleküle über ihre halbacetalische OH-Gruppe verknüpft, kann sich der zweite Ring nicht mehr zur Kette öffnen, das Disaccharid ist nicht reduzierend (1,2-glykosidischen Verknüpfungen).

Beim Zeichnen der Strukturformel nicht durcheinander kommen? **Zeichentrick am Bsp. Lactose**

**(Kreuzschreibweise)**

# Polysaccharide

Polysaccharide entstehen durch die Zusammenlagerung vieler Monomere (=reaktionsfähige Moleküle), meist von Glucosemolekülen.

## Stärke

Unter der Mithilfe von Chlorophyll und anderen Blattfarbstoffen (Katalysatoren) wird in grünen Pflanzenzellen aus Kohlenstoffdioxid und Wasser bei gleichzeitiger Einwirkung von Sonnenlicht Stärke gebildet. Stärke quillt in kaltem Wasser auf, ist jedoch unlöslich. Sie besteht zu 20% aus Amylose und zu 80% aus Amylopektin. Amylose ist in heißem Wasser löslich, Amylopektin ist hingegen wasserunlöslich.

**Molekulare Struktur:**

a) Amylose (20%):

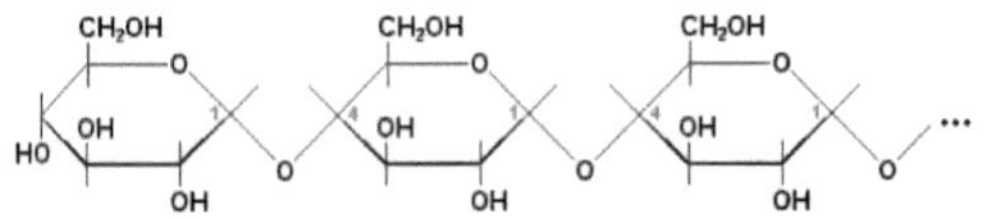

→ Nur α-(1,4)-glykosidische Bindung;
→ Ketten bestehen aus bis zu 10000 α-Glucose-Einheiten;
→ Helix-Struktur (durch Wasserstoffbrückenbindungen stabilisiert);

b) Amylopektin (80%):

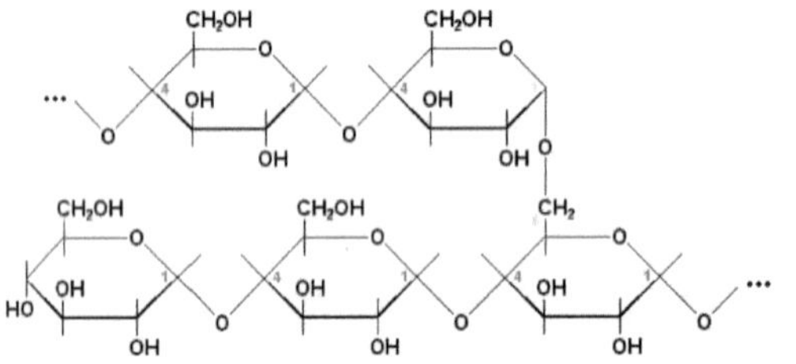

→ Sowohl α-(1,4)-glykosidische als auch α-(1,6)-glykosidische Bindung;
→ Ketten bestehen aus bis zu 1 Mio. α-Glucose-Einheiten (α-(1,4)-gly.);
→ Zusätzlich ist etwa jede 25. Glucose-Einheit α-(1,6)-gly. Verknüpft, was zu Verzweigungen in der Kette führt.

**Nachweisreaktion (Iod-Stärke-Reaktion):** Der Iod-Stärke-Nachweis dient zum einfachen Nachweis von Stärke mittels einer Iodid-Lösung. Der Nachweis kann als optische Farbveränderung wahrgenommen werden. Durch die Helixstruktur ist im Amylosemolekül ein axialer Hohlraum ausgebildet, in den größere Moleküle eingelagert werden können. Iod Moleküle können sich in diese Wendel einlagern, eine Veränderung in der Lichtabsorption tritt ein und es entsteht eine intensive Blaufärbung.

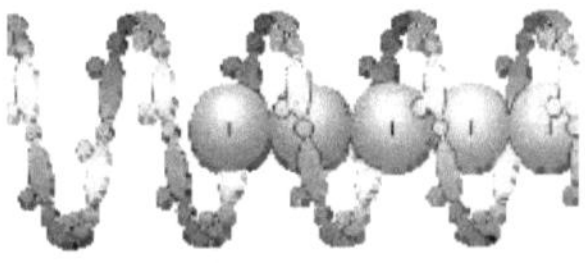

**Fehlingprobe / Tollensprobe:** Es läuft keine Reaktion ab, weil nur ein Molekül (das allerletzte der Kette) eine Ringöffnung machen kann, die aber nicht ins Gewicht fällt. Somit entstehen kein roter Niederschlag und kein Silberspiegel. Kocht man die Stärke mit Säure auf, so lösen sich die glykosidischen Bindungen, Glucose liegt vor und der Aldehydnachweis ist positiv.

**Hydrolyse von Stärke (sauer katalysiert):**

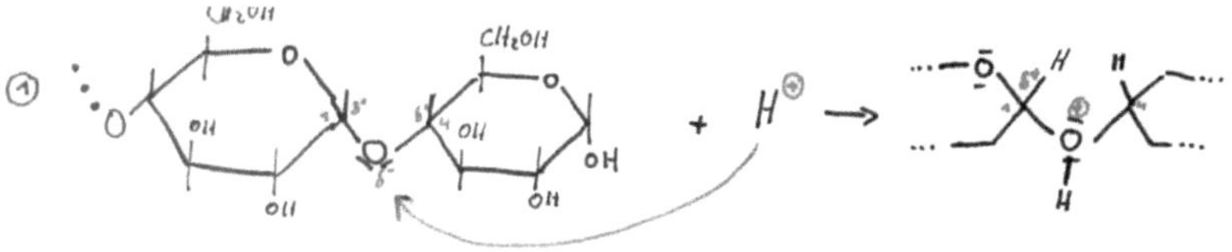

Durch die Säurezugabe wird das „verbrückte" Sauerstoffatom portioniert. Dadurch erhöht sich auch die positive Partialladung der benachbarten C-Atome, dabei ist das C-Atom 1 des linken Rings stärker positiv polarisiert als das C-Atom 4 des rechten Rings.

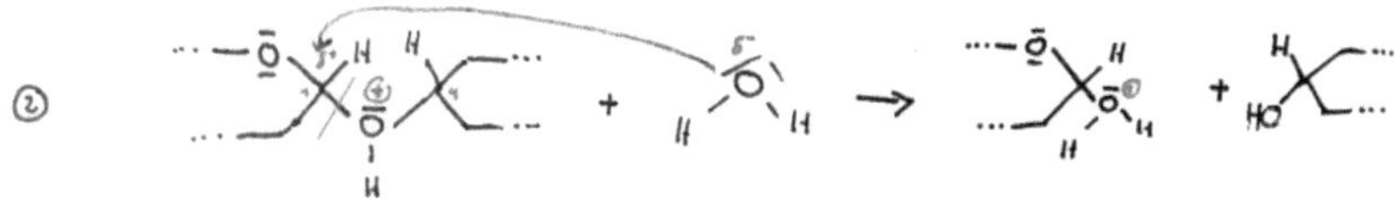

Ein freies Elektronenpaar des Sauerstoffs im Wassermolekül greift das C-Atom 1 des linken Rings an, sodass es zur Spaltung kommt.

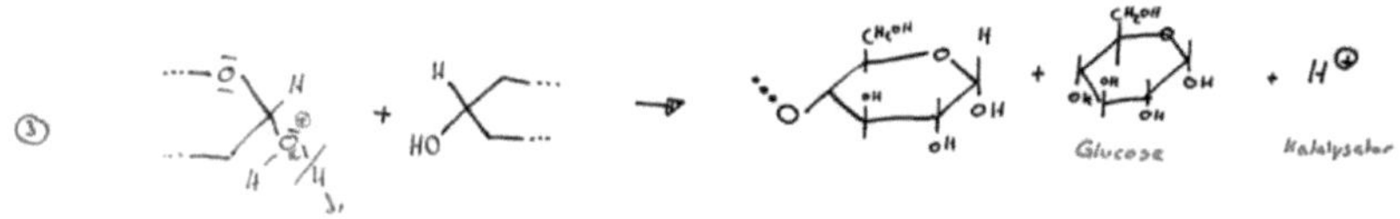

Es kommt zur Deprotonierung und Rückbildung des Katalysators.

---

**Hydrolyse von Stärke (enzymatisch):**

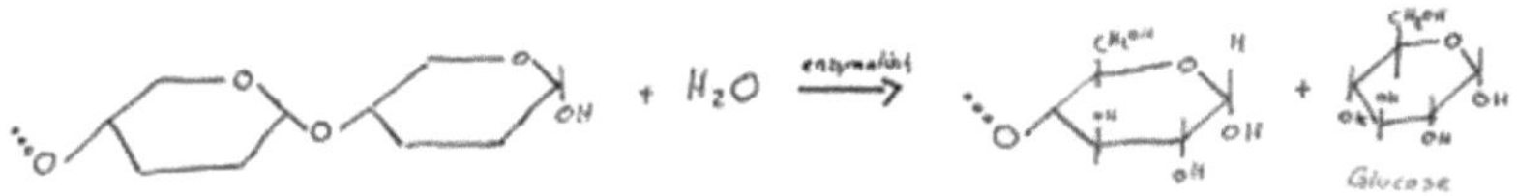

Zum Beispiel durch das Enzym Amylase kann Stärke gespalten werden, sodass Glucose-Bausteine entstehen. Auf dieses Weise kann der menschliche Körper Energie aus Stärke gewinnen.

## Cellulose

Cellulose ist als Bestandteil der pflanzlichen Zellwand weit verbreitet, es ist der Hauptbestandteil von Holz. In den Zellwänden liegt Cellulose in Form von Molekülaggregaten (Mikrofibrillen) vor, dabei sind 60-70 Cellulosemoleküle parallel angeordnet und durch Wasserstoffbrückenbindungen stabilisiert.

**Molekulare Struktur:**

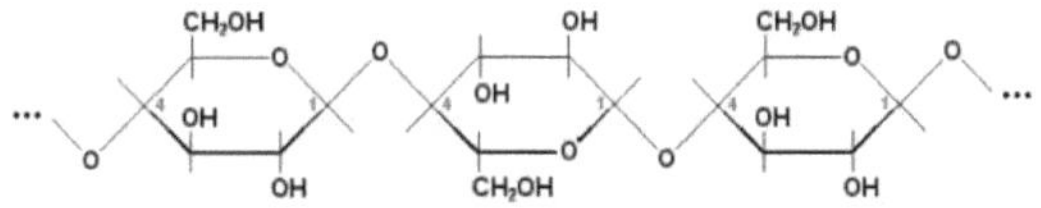

→ Mehrere tausend β-Glucosen sind β-(1,4)-glykosidisch miteinander verknüpft;

→ Riesige Kettenmoleküle.

# Aminosäuren

> *Definition:*     - organische Verbindungen mit 2 funktionellen Gruppen
> → Amino- und Carboxy-Gruppe
> - 2 reaktive Zentren: Amino-Gruppe = Nucleophil / Carboxy-Gruppe = Elektrophil

## Molekulare Struktur:

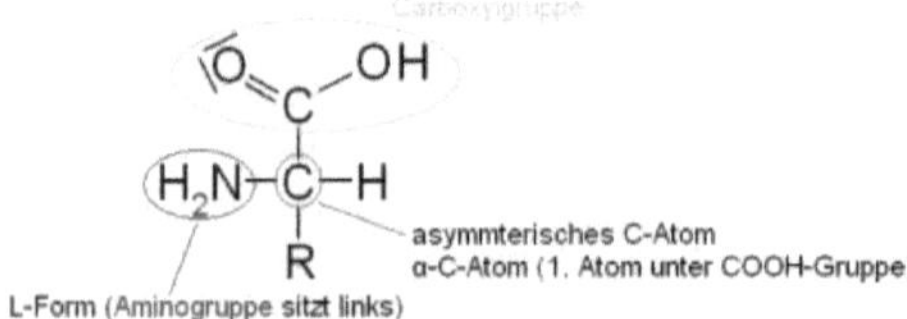


Jede Aminosäure besteht aus einer Carboxylgruppe, einer Aminogruppe, einem Wasserstoffatom und einem Rest „R". „R" bezeichnet die Seitenkette, durch die sich alle Aminosäuren in ihrer physikalischen und chemischen Eigenschaft unterscheiden. Die α-Aminosäuren sind, mit Ausnahme von Glycin, chiral, d.h. sie besitzen (mindestens) ein asymmetrisches Kohlenstoffatom. **Sie sind somit optisch aktiv.**

## Einteilung von Aminosäuren:

Abhängig von der Art der Seitenkette werden die Aminosäuren in verschiedene Gruppen eingeteilt:

1) Neutrale Aminosäuren, deren Seitenkette nur aus den Elementen Wasserstoff und Kohlenstoff besteht. Deren isoelektrischer Punkt liegt im "neutralen" pH-Bereich zwischen pH 5,5-7,5.
2) Polare Aminosäuren, die in der Seitenkette ein Heteroatom (O, S, Se oder N) enthalten.
3) Saure Aminosäuren, die in der Seitenkette eine zusätzliche Carboxy-Gruppe (-COO⁻) enthalten. In wässriger Lösung reagieren diese Aminosäuren deutlich sauer.
4) Basische Aminosäuren mit einer zusätzlichen Amino-Gruppe in der Seitenkette, welche leicht protoniert werden können und in wässriger Lösung alkalisch reagieren.

## Eigenschaften:

Aminosäuren sind Ampholyte. Das heißt, dass sie sowohl als Säure oder Base reagieren können. Aminosäuren liegen somit, je nach Umgebungs-pH, entweder als Kation (sauer, positiv geladen), Anion (basisch, negativ geladen), oder als Zwitterion (neutral) vor. Die Aminosäuren liegen am isoelektrischen Punkt (IEP) als Zwitterion vor. Der IEP ist ein exakt definierter pH-Wert, bei dem die Aminosäure vollständig als Zwitterion vorliegt.

> **Berechnung des IEP:**   $pH = \dfrac{pK_1 + pK_2}{2} = \text{IEP}$
> → Bei mehr als 2 pK-Werten, werden lediglich die pK-Werte ähnlich ionisierenden Gruppen herangezogen. (Basische Aminosäuren – beiden höchsten pK-Werte / saure Aminosäuren – beiden niedrigeren pK-Werte)

**Titrationskurve:**

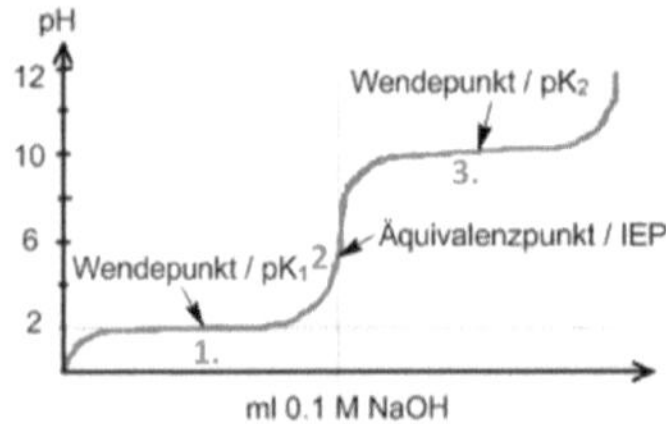


1. Kation / Zwitterion 50:50 - maximale Pufferwirkung

2. IEP – Zwitterion

3. Anion / Zwitterion 50:50 - maximale Pufferwirkung

## Peptid-Bindung:

Die Verknüpfung von Aminosäuren führt zu kettenförmigen Peptiden. Formal entsteht eine Peptid Gruppe (-CO-NH-) durch Kondensation der COOH-Gruppe eines Aminosäure-Moleküls mit der $NH^2$- Gruppe eines zweiten Moleküls. Sind 10 bis 100 Aminosäuren miteinander verknüpft, spricht man von Polypeptiden, bei weniger als 10 von Oligopeptiden und bei mehr als 100 von Proteinen.

**Bildung eines Dipeptids**

Peptidbindung

Aminosäure 1     Aminosäure 2      Kat.      Dipeptid      Wasser

## Hydrolyse von Peptiden:

Die Peptidbindung kann hydrolysiert werden. Dabei wird die chemische Verbindung unter Anlagerung eines Wassermoleküls aufgespalten.

[Mechanismus: analog zur säurekatalytische Hydrolyse (Ester/S.16]

$$+2H_2O$$

## Vorkommen und Bedeutung:

Die Aufgaben der Proteine im Organismus sind vielfältig. Als Beispiele seien genannt:

1) Als Strukturproteine bestimmen sie den Aufbau der Zelle.
2) Als Enzyme übernehmen sie Biokatalysefunktionen & erleichtern chem. Reaktionen im Körper.
3) Als Hormone steuern sie Vorgänge im Körper.
4) Als Ionenkanäle regulieren sie die Ionenkonzentraion in Zellen.
5) Als Antikörper dienen sie der Infektionsabwehr.

## 2.2.  Synhetische Makromoleküle

### Kunststoffe

| | |
|---|---|
| *Definition:* | - organische Makromoleküle (Polymere);<br>→ Umwandlung von Naturprodukten (halbsynthetische Kunstoffe);<br>→ Synthese aus Monomeren (vollsynthetische Kunststoffe) |

#### Klassifizierung von Kunststoffen

Ein wichtiges Merkmal für Kunststoffe ist ihr Verhalten beim Erwärmen. Dabei werden drei Klassen unterschieden (Thermoplaste, Duroplaste und Elastomere).

| Thermoplaste | Elastomere | Duroplaste |
|---|---|---|
| kettenförmig linear, wenig verzweigt | weitmaschig vernetzt | dreidimensional engmaschig vernetzt |
| VAN-DER-WAALS-Kräfte oder Wasserstoffbrückenbindungen | Atombindungen (weitmaschig) | Atombindungen (engmaschig) |
| Verhalten bei Erwärmung: plastisch verformbar | Verhalten bei Erwärmung: bei Erwärmung → schrumpfen; bei hoher Temperatur → Zersetzung | Verhalten bei Erwärmung: Temperaturbeständig; bei hoher Temperatur → Zersetzung |
| Mechanische Belastung: Lassen sich schwer verformen - kehren ohne Belastung nicht in ursprüngliche Form zurück | Mechanische Belastung: Verformung – kehren ohne Belastung in ursprüngliche Form zurück | Mechanische Belastung: nicht verformbar |
| Beispiel:<br>Polyethen | Beispiel:<br>Gummi | Beispiel:<br>Aminoplaste |

# Synthese von Kunststoffen

Bei der Synthese von Kunststoffen geht man von Monomeren aus, die zu Makromolekülen zusammengeschlossen werden. Dafür müssen die Monomere entweder Mehrfachbindungen oder mindestens zwei funktionelle Gruppen besitzen. Die Verknüpfung der Monomere erfolgt durch Polymerisation, Polykondensation oder Polyaddition.

# Polymerisation

> Die Polymerisation erfolgt mit ungesättigten Monomeren unter Aufspaltung der Doppelbindung. Die Reaktion verläuft als Kettenreaktion, die durch Initiatoren wie Radikale oder Ionen ausgelöst wird. Es bilden sich zumeist Thermoplaste (lineare Kettenmoleküle). In der stark exothermen Reaktion werden keine Nebenprodukte abgespalten.

## Radikalische Polymerisation

**Bildung eines Initiators (Radikal):**

$$R - R \longrightarrow R \cdot + \cdot R$$

Zunächst wird der Radikalbildner durch Energie, Lichtzufuhr, homolytisch in zwei Radikale gespalten. – Im Beispiel ist es das Dibenzoylperoxid.

**Startreaktion:**

Das Startradikal spaltet die Doppelbindung des Monomers, indem es sich an dieselbe addiert und so ein neues Radikal bildet.

**Kettenreaktion:**

Dieses neue Radikal reagiert mit einem weiteren Monomer, wobei wieder ein Radikal entsteht, das erneut mit einem Monomer reagiert. Diese Reaktion läuft immer wieder ab.

**Abbruchreaktion:**

a) Rekombination von Radikalen

2 Startradikale: $R \cdot + \cdot R \longrightarrow R - R$

Startradikal mit wachsender Kette:

2 wachsende Ketten:

b) Disproportionierung

$$R\!\left[\!\begin{array}{c}|\\-C-C-\\|\end{array}\!\right]_n\!\!\begin{array}{c}|\\C-C\cdot\\|\end{array} \; + \; \cdot C-C\!\left[\!\begin{array}{c}|\\C-C\\|\end{array}\!\right]_m\!\!R \longrightarrow R\!\left[\!\begin{array}{c}|\\-C-C-\\|\end{array}\!\right]_n\!\!C=C \; + \; -C-C\!\left[\!\begin{array}{c}|\\C-C\\|\end{array}\!\right]_m\!\!R$$

In der Abbruchreaktion treffen entweder zwei Radikale aufeinander (a), sodass ein neues Molekül entsteht und keine Wachstumsreaktion mehr möglich ist. Oder durch die Disproportionierung (b) werden ein Alkan und ein Alken durch Übergang eines Wasserstoffatoms gebildet, sodass die Radikaleigenschaft verloren geht.

---

Die Kettenlänge eines Polymers ist von den Reaktionsbedingungen abhängig bei denen der Mechanismus abläuft. So beeinflusst die Konzentration der Monomere und die Konzentration der Radikalbildner, sowie die Temperatur bei der die Reaktion abläuft die Länge des Polymers.

**Polymerisationsgrad berechnen:** $P = \dfrac{M\,(u)\,[Molek\ddot{u}lmasse\ gesamt]}{M_0\,(u)\,[Masse\ von\ Monomer]}$

---

## Synthese wichtiger Polymerisate

| Name | Monomer | Reaktion |
|---|---|---|
| Polyethen (PE) |  Ethen | 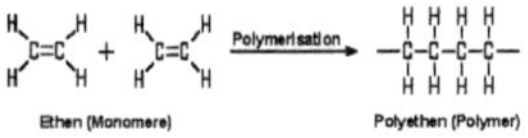 Ethen (Monomere) → Polyethen (Polymer) |
| Polypropen (PP) | 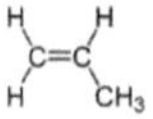 Propen | 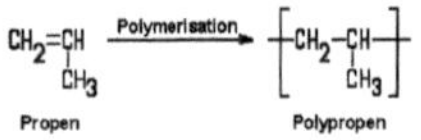 Propen → Polypropen |
| Polyvinylchlorid (PVC) | 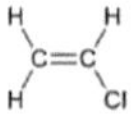 Vinylchlorid | 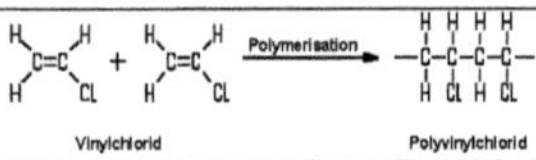 Vinylchlorid → Polyvinylchlorid |
| Polystyrol (PS) | 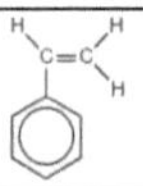 Styrol | 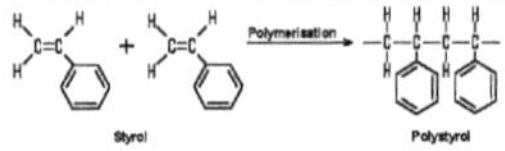 Styrol → Polystyrol |

**Strukturbedingte Eigenschaften:** Die Eigenschaften von Polyethen und Polypropen hängen vom Herstellungsverfahren ab. Die Synthese von Hochdruck-Polyethen erfolgt radikalisch. Für die Synthese von Niederdruck-Polypropen verwendet man metallorganische Katalysatoren. Die Taktizität beschreibt die in bestimmten Intervallen wiederkehrende Anordnung von Seitenketten in einem Polymer. Die Taktizität eines Polymers beeinflusst seinen räumlichen Aufbau. Je gleichmäßiger der Aufbau ist, desto leichter ist die Ausbildung einer Kristallstruktur. Der Grad dieser Kristallinität beeinflusst wiederum fast alle Eigenschaften des Kunststoffes, wie Härte, Sprödigkeit, Formbeständigkeit oder Schmelzpunkt.

## Copolymerisate

**Definition:** Als Copolymerisation bezeichnet man die Polymerisation, bei der zwei oder mehrere verschiedene Monomere in einer Polymerkette eingebaut werden. Copolymere sind also Makromoleküle, die mehr als ein Monomer als Grundbaustein enthalten.

**Vorteil:** In der Technik ist die Copolymerisation von außerordentlicher Bedeutung, da sie die Möglichkeit bietet, die Eigenschaften des entstehenden Polymers gezielt zu steuern.

Für die Verknüpfung dieser unterschiedlichen Monomere zu einem Copolymer gibt es verschiedene Möglichkeiten, die sich durch die Reaktionsbedingungen steuern lassen. Abhängig von der Abfolge der im Makromolekül enthaltenen Monomere A und B unterscheidet man zwischen verschiedenen Arten von Copolymeren:

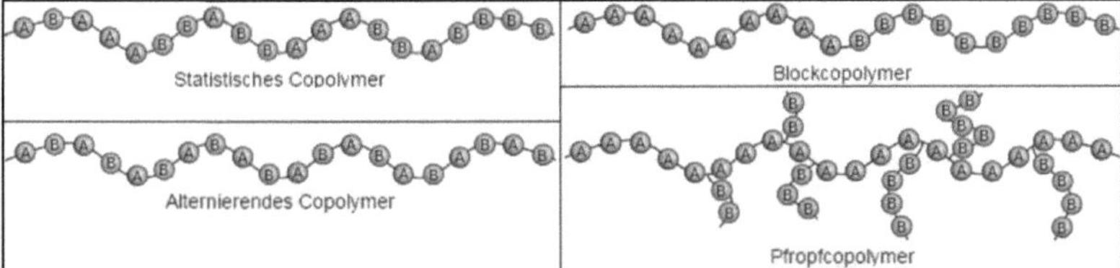


## Kautschuk (modifizierte Naturstoffe)

Kautschuk ist ein Thermoplast dessen Moleküle C=C-Zweifachbindungen enthalten. Kautschuk ist ein Sammelbegriff für elastische Polymere, die mit Hilfe der Vulkanisation modifiziert werden, sodass Gummi entsteht. Beispielsweise Autoreifen haben einen hohen Anteil an Natur-, Synthese- und Chlorbutylkautschuk.

| Name | Reaktion |
|---|---|
| Naturkautschuk | $-CH_2-C(CH_3)=CH-CH_2-$    Isopren (2-Methylbuta-1,3-dien) |
| Synthesekautschuk | $H_2C=CH-C(CH_3)=CH_2$  → Polymerisation → $[-CH_2-CH=C(CH_3)-CH_2-]$    Isopren (2-Methylbuta-1,3-dien) → Polyisopren |
| Chlorbutylkautschuk (Neopren®) | $H_2C=CH-C(Cl)=CH_2$ → Polymerisation → $[-CH_2-CH=C(Cl)-CH_2-]$    Chloropren (2-Chlorbuta-1,3-dien) → Polychloropren |

**Vulkanisation:** Unter Vulkanisation versteht man die Überführung von kautschukartigen, ungesättigten Polymeren in den gummielastischen Zustand durch Vernetzung mit Schwefel über Disulfidbrücken. Der Vernetzungsgrad bestimmt die Elastizität des Gummis. Bei der Reaktion dient Zinkoxid als Aktivator.

# Polykondensation

<table>
<tr><td>Definition:</td><td>- Monomere mit mindestens zwei funktionellen Gruppen;<br>- Abspaltung kleiner Moleküle wie z.B. Wasser/Halogenwasserstoff/Alkohol;<br>- Polykondensation von bifunktionellen Monomeren → Thermoplaste<br>- Polykondensation von trifunktionellen Monomeren → Duroplaste</td></tr>
</table>

## Polyester

<table>
<tr><td>Definition:</td><td>- Polykondensation von mehrwertigen Alkoholen mit Dicarbonsäuren;<br>    → Säure + Alkohol = Ester + Wasser - vielfache Wiederholung der Verester<br>- funktionelle Gruppe = –[-CO-O-]-;<br>(- Polyesterharze = ungesättigte Dicarbonsäure + Dialkohol)</td></tr>
</table>

**Mechanismus:**

1) - elektrophiler Angriff am freien Elektronenpaar des „O" → hochreaktives Carbenium-Ion

2) - nucleophile Hydroxy-Gruppe greift C-Atom des Carbenium-Ions an → Oxonium-Ion

- intramolekulare Protolyse & anschließender Eliminierung von Wasser → Carbenium-Ion

- Stabilisierung durch Abspaltung eines Protons / Rückbildung des Kat.

Vervielfachte Wiederholung der Veresterung

(R1 = Dicarbonsäurerest / R2 = Diaalkoholrest / R' = Dicarbonsäurerest ohne „COOH" / R'' = Diaalkolrest ohne „OH")

## Polyamide

<table>
<tr><td>Definition:</td><td>- Amid-Bindungen (CO-NH)<br>- Diaminen + Dicarbonsäuren / Bsp. Nylon wird aus 1,6-Diaminohexan und Hexandisäure hergestellt</td></tr>
</table>

**Nylonherstellung:**

1,6-Diaminohexan        Hexandisäure        Polyamid / Nylon-6,6

**Mechanismus:**

(R1 = Dicarbonsäurerest / R2 = Diaminrest / R' = Dicarbonsäurerest ohne „COOH" / R'' = Diaminrest ohne „NH₂")

## Phenoplaste

| | |
|---|---|
| *Definition:* | - Phenol oder Phenolderivaten + Mehanal-Lösung (Formaldehyd);<br>- duroplastische, räumlich eng vernetzte Formstoffe; |

**Mechanismus (Phenol + Formaldehyd):**

- polar gebundenes H-Atom einer Säure greift elektophil am freien Elektronenpaar des O-Atoms an.
--> hochreaktives Carbenium Ion

- elektrophile Substitutionsreaktion am Phenol
--> Wasser wird eliminiert

- Rückbilung des Katalysators und Verknüpfung eines weiteren Phenol-Moleküls

## Aminoplaste:

*Definition:* - Polykodensationsprodukte aus Formaldehyd & Aminoverbindungen (Harnstoff);

- duroplastische, räumlich eng vernetzte Formstoffe;

- Mechanismus analog zu Phenoplaste

**Beispiel (Harnstoff + Formaldehyd):**

$$n\ H_2N-\underset{\underset{O}{\|}}{C}-NH_2 \quad + \quad n\ H-\underset{\underset{O}{\|}}{C}-H \quad \xrightarrow[-\,(2n-1)\ H_2O]{} \quad HO-\left[CH_2-N-\underset{\underset{O}{\|}}{C}-N\right]_n$$

## Polycarbonate:

*Definition:* - Phosgen + Bisphenol A;

- Abspaltung von Chlorwasserstoff;

**Mechanismus:**

| Silicone: | Silicone sind Polykondensate siliciumorganischer Hydroxy-Verbindungen. Sie nehmen eine Zwischenstufe zwischen den anorganischen Silikaten und den organischen Polymeren ein. |
|---|---|

# Polyaddition

*Definition:* - Addition einer bi- oder polyfunktionellen Verbindung an ein ungesättigtes (Doppelbindung) oder cyclisches Molekül;

- keine Abspaltung kleiner Moleküle, sondern Wanderung eines Protons;

- bifunktionellen Monomeren → Thermoplaste;

- trifunktionellen Monomeren → Duroplaste

## Polyurethane:

**Synthesereaktion:**

$$HO-R-OH \quad + \quad O=C=N-R'-N=C=O \quad \longrightarrow \quad \left[O-R-O-\underset{\underset{O}{\|}}{C}-N-R'-N-\underset{\underset{O}{\|}}{C}\right]_n$$

Dialkohol　　　　Diisocyanat　　　　　　　　　　　　　Polyurethan

**Mechanismus:**

**Hydrolyse** führt zur $CO_2$-Bildung (Aufschäumen)

> Da Isocyanate mit Wasser zu Kohlenstoffdioxid reagieren, kann man durch Wasserzugabe ein Aufschäumen der Polyurethane erreichen.

Epoxidharze:

**Synthesereaktion: Epoxid + Diamin → Epoxidharz**

**Mechanismus:**

Epoxidherstellung: Das Epoxid selbst entsteht in der Konkurrenzreaktion der Bromierung von Ethen, da neben dem zweiten Brom-Atom auch Wassermoleküle nucleophil mit einem freien Elektronenpaar am Carbenium-Ion angreifen können.

**Rund um die Wiederverwertung von Kunststoffen – Seite 386/387 Chemie heute**

| | |
|---|---|
| Vor- und Nachteile bei der Verarbeitung und Verwendung | freigestellt |
| Umweltprobleme bei der Herstellung, Verarbeitung, Wiederverwertung und Beseitigung; Pyrolyse und Recycling; Kunststoffabfälle | freigestellt |

## 2.3. Nomenklatur nach IUPAC

1. Längste Kohlenstoffkette suchen. Die Anzahl der Kohlenstoffkette ergibt den Stammnamen.
2. Längste Kette nummerieren, sodass die funktionelle Gruppe der höchsten Priorität die niedrigste Positionsziffer enthält. Wenn es keine höchstprioritäre funktionelle Gruppe gibt = kleinste Gesamtsumme.
3. Substituenten werden als Präfixe in alphabetischer Reihenfolge [Zahlenpräfixe (di-, tri) = unmaßgeblich] vorangeführt. Die funktionelle Gruppe der höchsten Priorität steht am Ende = Namensgeber.
4. Mehrfachbindungen werden in den Stammnamen integriert.

→ Nona-4-en-1,7-diin

**Beispiel:**

7-Chlor-6-hydroxy-2-propylhepta-2-en-4-insäure

| Gekürzte Prioritätenliste | |
| --- | --- |
| Carbonsäuren | -<Stamm>säure |
| Ester | <Stamm>säure-<R'-Gruppe>ylester |
| Aldehyde | -<Stamm>al |
| Ketone | -<Stamm>on |
| Alkohole | -<Stamm>ol |
| Amine | -<Gruppe>ylamin |
| Ether | -<R-Gruppe>yl-<R'-Gruppe>ylether |
| Alkene | -<Stamm>en |
| Alkine | -<Stamm>in |
| Alkane | -<Stamm>an |

## 2.4. Standard-Nachweisreaktionen

| Stoff (-klasse) | Durchführung | Beobachtung / Reaktion |
| --- | --- | --- |
| **Wasser ($H_2O$)** | Man gibt einige Tropfen der zu untersuchenden Flüssigkeit zu wasserfreiem Kupfersulfat. | Das weiße Salz wird blau.<br>$CuSO_{4\,(s)} + 5\,H_2O_{(l)} \rightarrow CuSO_4 * 5\,H_2O$ |
| **Sauerstoff ($O_2$)** | Man halt einen glimmenden Holzspan in das Glas (Glimmspanprobe) | Der Holzspan flammt auf. |
| **Wasserstoff ($H_2$)** | Man fängt eine Gasprobe in einem Reagenzglas auf und entzündet sie (Knallgasprobe) | Wenn die Probe ruhig abrennt, enthält sie reinen Wasserstoff. Enthält sie noch Sauerstoff oder Luft, verbrennt sie mit einem pfeifenden Geräusch. |
| **Kohlenstoffdioxid ($CO_2$)** | Kohlenstoffdioxid wird in Kalkwasser geleitet. | Es bildet sich weißes Calciumcarbonat.<br>$Ca(OH)_{2\,(aq)} + CO_{2\,(g)} \rightarrow CaCO_{3\,(s)} + H_2O_{(l)}$ |
| **Alkalimetalle, Erdalkalimetalle** | Nachweis durch Flammenfärbung | Lithium: rote Flamme<br>Natrium: gelbe Flamme<br>Kalium: blassviolette Flamme<br>Clacium: ziegelrote Flamme |
| **BEILSTEIN-Probe – Nachweis organischer Halogenverbindungen** | Man glüht einen Kupferdraht in der nicht leuchtenden Brennerflamme aus und taucht ihn dann in die Probe. Der Kupferdraht mit Probe wird erneut in die Brennerflamme gehalten. | Die Brennerflamme färbt sich grün. |

## 3.1. Enthalpie, Entropie

### Energieumwandlung

Alle chemischen Reaktionen sind mit Energieänderungen verknüpft:

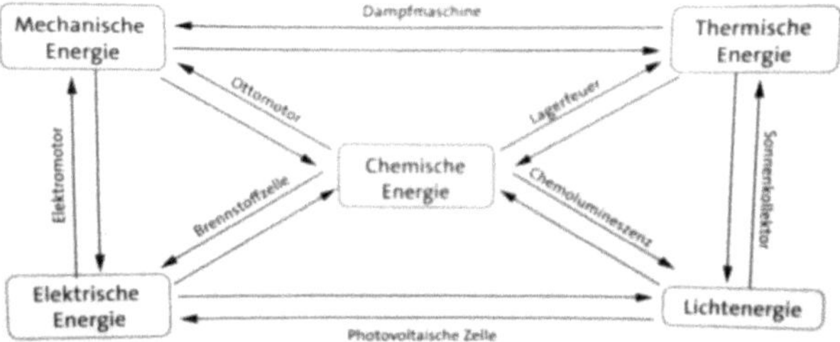


### Energieerhaltung

> Bei allen chemischen Reaktionen sind neben Stoffumwandlungen auch Energieumwandlungen zu beobachten. Die Gesamtmenge der Energie bleibt dabei unverändert. Es gilt somit der **Satz von der Erhaltung der Energie.**

Um Energieänderungen exakt messen zu können, müssen Experimente unter genau festgelegten Bedingungen ablaufen. Dabei wird immer nur ein genau begrenzter Teil der (Um-)Welt betrachtet, der als System bezeichnet wird. Man unterscheidet dabei zwischen offenen, geschlossenen und isolierten Systemen.

➢ Ein offenes System kann mit seiner Umgebung sowohl Energie als auch Materie austauschen, z.B. ein Becherglas mit kochendem Wasser.

➢ Ein geschlossenes System kann mit seiner Umgebung zwar keine Materie, aber Energie austauschen, z.B. ein Reagenzglas mit Stopfen.

➢ Ein isoliertes oder abgeschlossenes System kann mit seiner Umgebung weder Energie noch Materie austauschen, z.B. verschlossene Thermoskanne (annähernd).

## Enthalpie H

> Energieinhalt eines chemischen Systems unter konstantem Druck, wobei nur Enthalpieänderungen ($\Delta H$) messbar sind. Wärmeaufnahme des Systems: $\Delta H > 0$, Wärmeabgabe des System $\Delta H < 0$.

### Molare Standard-Bildungsenthalpie

> Die molare Standard-Bildungsenthalpie $\Delta_f H_m^0$ einer Verbindung entspricht der bei der Bildung von einem Mol der Verbindung bei Standardbedingungen (Druck: p = 1000 hPa / Temperatur: T = 298 K) aus den Elementen freigesetzten oder aufgenommenen Wärme.

Die Molare Standard-Bildungsenthalpie ist Tabellenwerken zu entnehmen.

## Reaktionsenthalpie

> Die Reaktionsenthalpie ΔH, das heißt die Änderung der Enthalpie im Verlauf einer Reaktion, entspricht der bei konstantem Druck gemessenen Reaktionswärme.
>
> Exotherm: ΔH < 0　　　　Endotherm: ΔH > 0

Wenn die molaren Standard-Bildungsenthalpien von allen an der chemischen Reaktion beteiligten Stoffen bekannt sind, lässt sich die **molare Reaktionsenthalpie bei Standardbedingungen** $\Delta_R H^0 m$ („R": Reaktionsenthalpie) berechnen. Dabei wird die Summe der molaren Standard-Bildungsenthalpie der Edukte von der Summe der molaren Standard-Bildungsenthalpien der Produkte subtrahiert (unter Berücksichtigung der stöchiometrischen Faktoren):

$$\Delta_r H_m^0 = \sum \Delta_f H_m^0{}_{(Produkte)} - \Delta_f H_m^0{}_{(Edukte)}$$

**Bestimmung Reaktionsenthalpie mit Hilfe der Reaktionswärmen:**

> Die **Wärme Q** ist eine physikalische Größe, die angibt, wie viel thermische Energie von einem thermodynamischen System an die Umgebung übertragen wird. Mit Hilfe eines Kalorimeters kann man die Temperaturveränderung $\Delta_T$ bestimmen und die Reaktionswärme $Q_r$ berechnen.

$$Q_r = m \cdot c_p * \Delta_T \qquad C_p(H_2O) = 4{,}19 \text{ J/g*K} \qquad m = \text{Masse des Lösemittels (g)}$$

$$\Delta_r H_m^0 = \frac{-\Delta Q}{n} \qquad n\,(mol) = \frac{m\,(Masse)}{M\,(molare\ Masse)} \qquad oder \qquad n\,(mol) = c\,(mol/L) * V\,(L)$$

**Satz von Hess:** 1840 wurde der *Satz von Hess* formuliert. Die Reaktionsenthalpie ist unabhängig vom Reaktionsweg, sie hängt nur vom Ausgangs- und Endzustand des Systems ab. Durch Anwendung des Satzes von Heß können Reaktionsenthalpien indirekt bestimmt werden, die experimentell nicht direkt gemessen werden können, beispielsweise die Bildungsenthalpie von Kohlenmonoxid (CO):

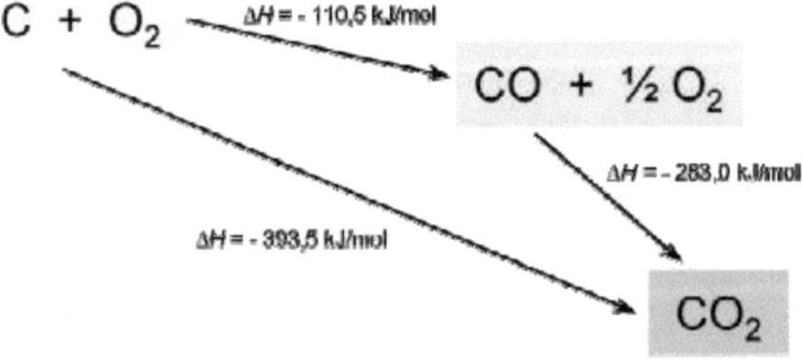


$$
\begin{aligned}
C + O_2 &\rightarrow CO_2 & \Delta H^\circ(1) &= -393{,}5 \text{ kJ mol}^{-1} & \text{(experimentell bestimmt)} \\
CO + \tfrac{1}{2} O_2 &\rightarrow CO_2 & \Delta H^\circ(2) &= -283{,}0 \text{ kJ mol}^{-1} & \text{(experimentell bestimmt)} \\
\hline
C + \tfrac{1}{2} O_2 &\rightarrow CO & \Delta H^\circ &= -110{,}5 \text{ kJ mol}^{-1} & \text{(berechnet aus } \Delta H^\circ(1) - \Delta H^\circ(2)\text{)}
\end{aligned}
$$

# Entropie S

> Maß der Unordnung eines chemischen Systems bzw. die Wahrscheinlichkeit eines bestimmten Zustandes. Sie ist neben der Reaktionsenthalpie Faktor für die Triebkraft einer chemischen Reaktion.

Zur Beschreibung des Ordnungszustandes eines Systems wird der Begriff Entropie verwendet. Die Entropie ist eine Größe, deren Wert mit steigender Unordnung zunimmt.

Die Entropie nimmt zu: - bei Erhöhung der Temperatur;
- wenn die Teilchenzahl bei den Produkten höher wird als bei den Edukten;
- beim Wechsel des Aggregatszustand von fest nach flüssig nach gasförmig;
- beim Auflösen eines (Ionen-)Gitters in einem Lösemittel;
- bei irreversiblen Prozessen nimmt sie zu (reversiblen Prozessen = konstant)

## Standard-Bildungsentropie

> Die molare Standard-Bildungsentropie $\Delta S_m^0$ (1000 hPa, 298 K) ist die Entropieänderung, die mit der Bildung von einem Mol einer Verbindung aus den Elementen einhergeht.
>
> Einheit: $J * mol^{-1} * K^{-1}$

Die Molare Standard-Bildungsenthalpie ist Tabellenwerken zu entnehmen.

## Reaktionsenthropie

> Die molare Standardreaktionsentropie $\Delta_R S_m^0$ ist die Änderung der Entropie des System für den Übergang der Edukte in ihren Standardzuständen zu den Produkten in ihren Standardzuständen, gewichtet mit dem stöchiometrischen Koeffizienten.
>
> Entropie nimmt ab / Es entsteht ein System mit einem <u>höheren</u> Ordnungsgrad: $\Delta_R S_m^0 < 0$
> Entropie nimmt zu / Es entsteht ein System mit einem <u>geringeren</u> Ordnungsgrad: $\Delta_R S_m^0 > 0$

**Berechnung:** Summe der molaren Standard-Bildungsentropie der Edukte von der Summe der molaren Standard- Bildungsentropie der Produkte subtrahiert (unter Berücksichtigung der stöchiometrischen Faktoren): $\Delta_R S_m^0 = \sum \Delta_f S_m^0{}_{(Produkte)} - \Delta_f S_m^0{}_{(Edukte)}$

## Zusammenspiel von Entropie und Enthalpie

→ Reaktionen laufen immer freiwillig ab: Enthalpie abnimmt ($\Delta H \leq 0$) & Entropie zunimmt;
→ Reaktionen laufen nie freiwillig ab: Enthalpie zunimmt ($\Delta H \geq 0$) & Entropie abnimmt;
→ Wenn sowohl Entropie als auch Enthalpie abnehmen, bzw. beide zunehmen, muss die Gibbs Helmholtz-Gleichung angewendet werden, sodass festgestellt werden kann, ob eine Reaktion ender- oder exergonisch abläuft.

## 3.2. Geschwindigkeit chemischer Reaktionen

*Definition:*  Die Reaktionsgeschwindigkeit $V_R$ beschreibt die Änderung der Konzentration der an einer chemischen Reaktion beteiligten Stoffe pro Zeiteinheit. Sie ist immer positiv und hat die Einheit: $\frac{mol}{l \cdot s}$

### Experimentelle Ermittlung

- Messung der Änderung der Konzentration an Ausgangsstoffen (oder an     Produkten)     pro Zeitspanne;
- diese Werte trägt man in ein Konzentrations-Zeit-Diagramm (c/t-Diagramm) ein;
- daraus kann man die Durchschnittsgeschwindigkeit einer chemischen Reaktion bestimmen;

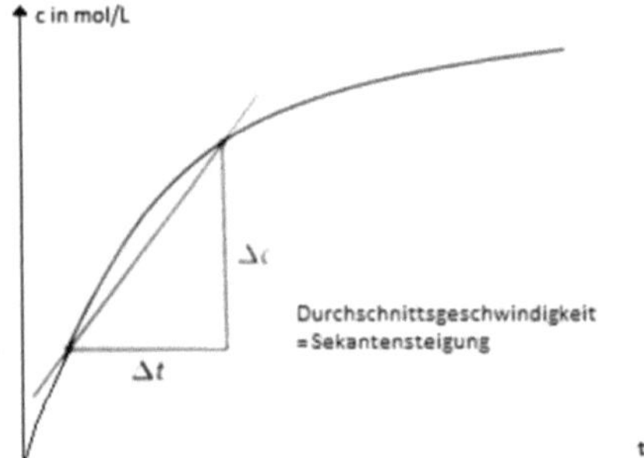


$$\tilde{v} = \frac{|\Delta c\ (Produkt)|}{\Delta t} = \frac{|\Delta c\ (Edukt)|}{\Delta t}$$

### Einfluss verschiedener Faktoren

**Zerteilungsgrad:**   Je größer der Zerteilungsgrad (goße Oberfläche = großer Zerteilungsgrad = hohe Anzahl and Zusammenstößen / Pulver > Feststoff) der reagierenden Stoffe ist, desto höher ist die Reaktionsgeschwindigkeit.

**Temperatur:**   Reaktionsgeschwindigkeits/Temperatur-Regel (RGT-Regel)
→ Reaktionsgeschwindigkeit steigt auf das Doppelte bis Viefache, wenn man die Temperatur um 10 °C erhöht.

**Konzentration:**   Je größer die Konzentration der reagierenden Stoffe (höhere Anzahl an Zusammenstößen) ist, desto höher die Reaktionsgeschwindigkeit.

**Druck:**   Eine Druckerhöhung bewirkt eine Konzentrationserhöhung der gasförmigen Reaktionspartner und erhöht die Stoßwahrscheinlichkeit (somit auch die Reaktionsgeschwindigkeit) mit anderen Reaktanden.

**Katalysatoren:**   Katalysatoren sind Stoffe, die chemische Reaktionen durch herabsetzen der Aktivierungsenergie beschleunigen. Sie liegen nach der Reaktion unverändert vor.

## 3.3. Umkehrbare Reaktionen und chemisches Gleichgewicht

> *Definition:*  Reaktionen, bei denen Hin- und Rückreaktion gleichzeitig und ungehemmt
> erfolgen, nennt man reversible (umkehrbare) Reaktionen.

### Chemisches Gleichgewicht
- chemisches Gleichgewicht = Hin- & Rückreaktion mit gleicher Geschwindigkeit;
- Konzentration von Produkten & Edukten = konstant;
- dynamisches Gleichgewicht: Auf Teilchenebene = Stoffumsatz (alle chemischen Gleichgewichte);
- statisches Gleichgewicht: Kein Teilchenaustausch (Bsp. Balkenwaage)

**Beispiel Ester-Gleichgewicht:**
- Essigsäure und Ethanol reagieren bei Zimmertemperatur zu Essigsäureethylester und Wasser;

$$CH_3COOH + C_2H_5OH \rightleftharpoons CH_3COOC_2H_5 + H_2O$$

- Gleichgültig ob man von der Veresterung oder von der Hydrolyse ausgeht, nach einer Zeit liegen
  alle an der Reaktion beteiligten Stoffe als Gemische vor;
- Bei konstanter Temperatur bilden Veresterung / Hydrolyse ein chemisches Gleichgewicht;
- $K_C$-Wert > 1 = Lage des Gleichgewichts überwiegend auf der Seite der Produkte;
- $K_C$-Wert < 1 = Lage des Gleichgewichts überwiegend auf der Seite der Edukte;
- Lage des Gleichgewichts auch über die „Ausbeute" zu berechnen.

**Löslichkeitsgleichgewicht:**
- Löslichkeitsgleichgewicht = dynamisches Gleichgewicht: Pro Zeiteinheit gehen also gleichviele
  Ionen in Lösung wie sich am Bodenkörper anlagern (bei gesättigter Lösung);
- Lage des Löslichkeitsgleichgewicht wird durch das Löslichkeitsprodukt $K_L$ beschrieben;

| Salz vom Formeltyp AB | Salz vom Formeltyp $AB_2$ |
|---|---|
| $AB(s) \rightleftharpoons A^+(aq) + B^-(aq);\ K_L(AB) = c(A^+) \cdot c(B^-)$ <br> Beispiel: <br> $AgCl(s) \rightleftharpoons Ag^+(aq) + Cl^-(aq)$ | $AB_2(s) \rightleftharpoons A^{2+}(aq) + 2\,B^-(aq)$ <br> Beispiel: <br> $Ca(OH)_2(s) \rightleftharpoons Ca^{2+}(aq) + 2\,OH^-(aq)$ |

### Strategie beim Lösen von Aufgaben zum Löslichkeitsprodukt:
1) Löslichkeitsgleichgewicht formulieren;
1) Löslichkeitsprodukt $K_L$ aufstellen;
3) - Sind zwei Größen gegeben = dritte Größe berechnen → solve(…)
   - Nur eine Größe gegeben (Bsp. $K_L$-Wert) = Unbekannte ersetzten:
       → $CaF_{2\,(s)}$     $\rightleftharpoons$     $Ca^{2+} + 2\,F^-$
       → $c(F^-) = 2 * c(Ca^{2+})$  => jetzt nur noch eine Unbekannte!

## 3.4. Massenwirkungsgesetz

Bei einem homogenen System im chemischen Gleichgewicht ist das Produkt der Konzentration der Produkte dividiert durch das Produkt der Konzentration der Edukte, unter Berücksichtigung der jeweiligen stöchiometrischen Faktoren, bei einer bestimmten Temperatur konstant. Für Reaktionen in der Gasphase wird über die Partialdrücke ein $K_P$-Wert berechnet.

Wenn gilt: $A + B \rightleftharpoons C + D$     dann:     MWG: $K_C = \dfrac{[C]^C * [D]^D}{[A]^A * [B]^B}$    [] = c =Konzentration

### Bedingungen des Massenwirkungsgesetz

➢ Geschlossenes System;

➢ Umkehrbare Reaktion;

➢ Chemisches Gleichgewicht;

➢ Homogenes System: Die beteiligten Stoffe müssen in Lösung oder als Gase vorkommen;

→ Im Falle hetergogener Systeme = feste Stoffe unberücksicht.

### Berechnung von Gleichgewichtskonstanten

**Beispiel:**     Essigsäure und Ethanol werden in Aceton gelöst. Vor der Reaktion sind die Konzentrationen $c0(CH_3COOH) = 0{,}90$ mol/l und $c0(C_2H_5OH) = 0{,}90$ mol/l. Nach Eintreten des Gleichgewichtszustands ist bei Zimmertemperatur $c(CH3COOH) = 0{,}30$ mol/l und $c(C_2H_5OH) = 0{,}30$ mol/l.

**a)** Ermitteln Sie die Gleichgewichtskonstante $K_C$.

**b)** Berechnen Sie die Esterausbeute.

Lösungsweg:

$$CH_3COOH + C_2H_5OH \rightleftharpoons CH_3COOC_2H_5 + H_2O$$

|  | | | | |
|---|---|---|---|---|
| Ausgangskonzentrationen $c_0$ in mol/l | 0,90 | 0,90 | 0 | 0 |
| Gleichgewichtskonzentrationen c in mol/l | 0,30 | 0,30 | 0,90 – 0,30 | 0,90 – 0,30 |

**a)** MWG:  $K_c = \dfrac{c(CH_3COOC_2H_5) \cdot c(H_2O)}{c(CH_3COOH) \cdot c(C_2H_5OH)} = \dfrac{0{,}60\,mol/l \cdot 0{,}60\,mol/l}{0{,}30\,mol/l \cdot 0{,}30\,mol/l} = 4{,}0$

**b)** Ausbeute (Ester) $= \dfrac{\text{Konzentration des Esters im Gleichgewicht}}{\text{Konzentration des Esters bei vollständiger Umsetzung}}$

$= \dfrac{0{,}60\,mol/l}{0{,}90\,mol/l} = 0{,}67 = 67\%$

## 3.5. Prinzip vom Zwang

Nach dem Prinzip von LE CHATELIER führt die Störung eines Gleichgewichts durch Änderung der Reaktionsbedingungen zu einer Verschiebung des Gleichgewichts in die Richtung, die der Störung entgegen wirkt *(Prinzip vom kleinsten Zwang / Prinzip von LE CHATELIER)*.

### Beeinflussung der Lage von Gleichgewichten

Die Lage des Gleichgewichts ist abhängig von Temperatur, Druck und der Konzentration der Reaktionspartner:

**Temperatur:**   - Erhöhung   → begünstigt die endotherme (energieverbrauchende) Reaktion;

   - Erniedrigung   → begünstigt die exotherme (energieabgebende) Reaktion;

$$N_2O_4{}_{(g)} \rightleftharpoons 2\,NO_2{}_{(g)}\,, \textbf{exotherm} \qquad = \text{Temperaturerniedrigung}$$

$$2\,NO_2{}_{(g)} \rightleftharpoons N_2O_4{}_{(g)}, \textbf{endotherm} \qquad = \text{Temperaturerhöhung}$$

**Druck:**          - Erhöhung     → fördert die Reaktion mit Volumenabnahme;
                    - Erniedrigung  → fördert die Reaktion mit Volumenzunahme;

Der Druck hat nur Einfluss auf chemische Gleichgewichtsreaktionen, wenn Gase beteiligt sind.

$$N_2O_4\,(g) \xrightleftharpoons[\text{Druckerhöhung}]{\text{Druckerniedrigung}} 2\,NO_2\,(g)$$

Raumteil $N_2O_4$ $\xrightleftharpoons[\text{Druckerhöhung}]{\text{Druckerniedrigung}}$ 2 Raumteile $NO_2$

**Konzentration:** - Erhöhung     → fördert die den Stoff verbrauchende Reaktion;
                   - Erniedrigung  → fördert die den Stoff bildende Reaktion;


## Haber-Bosch-Verahren / Ammoniakgleichgewicht

Der Synthese von Ammoniak aus elementaren Stoffen liegt die folgenden Gleichgewichtsreaktion zugrunde:  $3\,H_2(g) + N_2(g) \rightleftharpoons 2\,NH_3(g)$  | exotherm

In einem geschlossenen System stellt sich ein chemisches Gleichgewicht ein, das stark temperatur- und druckabhängig ist. Nach dem Prinzip von Le Chatelier müsste sich umso mehr Ammoniak bilden, je niedriger die Temperatur und je höher der Druck ist.

Das Haber-Bosch- Verfahren überträgt diese Reaktion in den großtechnischen Maßstab:
- Theoretisch: Möglichst hohe Ammoniakausbeute = niedrigen Temperatur & hoher Druck
- Dies ist bei der Ammoniaksynthese nicht möglich, da man eine hohe Temperatur brauch, da sonst die Reaktionsgeschwindigkeit zu gering ist;
    → Obwohl ein Katalysator zur Beschleunigung der Reaktion eingesetzt wird muss die Temperatur mindestens 400 °C betragen;
- Auch bei der Druckerhöhung sind technische und ökonomische Grenzen gesetzt;
- Deshalb führt man die Ammoniaksynthese bei Temperaturen von 400 °C – 520 °C und Drücken von 25 – 30 MPA durch. → Unter diesen Bedingungen = nur 15 – 20 % Ammoniak im Gasgemisch;
- Deshalb wird das Reaktionsgemisch kontinuierlich im Kreislauf gefahren, sodass trotz ungünstiger Lage des chem. Gleichgewichts ein vollständige Umsatz der Ausgangstoffe erzielt werden KANN;


## Schwefelsäure-Synthese

- Bei der Schwefelsäureherstellung wird zuerst Schwefel zu $SO_2$ verbrannt;
- Anschließend wird Schwefeloxid im Doppelkontaktverfahren zu Schwefeltrioxid oxidiert;
- Beim Lösen in konz. Schwefelsäure enthält man Oleum, das mit $H_2O$ zu Schwefelsäure reagiert;

$$S + O_2 \rightarrow SO_2 \quad \Delta H_R = -297 \text{ kJ/mol}$$

$$2\,SO_2 + O_2 \rightleftharpoons 2\,SO_3 \quad \Delta H_R = -198 \text{ kJ/mol}$$

- Reaktion: exotherm = hohe Temperatur => Ausbeute an $SO_3$ gering;
- Bei geringen Temperaturen ist allerdings die Reaktionsgeschwindigkeit zu klein;
    → Daher setzt man Vanadiumoxid als Katalysator ein.

## 3.6.  Anwendung des Masswenwirkungsgesetzes

### Autoprotolyse des Wassers

- Auch destiliertes Wasser leitet elektrischen Strom, wenn auch nur gerinfügig;
- Ursache: Geringe Eigendissoziation = Autoprotoylse;
- Bei einer Autoprotolyse reagierT ein und dieselbe Verbindung gleichzeitig als Säure und als Base;

$$H_2O_{(l)} + H_2O_{(l)} \rightleftharpoons H_3O^+_{(aq)} + OH^-_{(aq)}$$

**Massenwirkungsgesetz:** $\quad K = \dfrac{[H_3O^+][OH^-]}{[H_2O][H_2O]} \xrightarrow{\text{vereinfacht}} K = \dfrac{[H_3O^+][OH^-]}{[H_2O]^2}$

⇨ Das die Konzentration des Wasser als konstant angesehen werden kann, darf man die Gleichgewichtskonstante K mit der Wasserkonzentration $[H_2O]^2$ multiplizieren und erhält dann eine neue Konstante $K_W$, die als Ionenprodukt des Wassers bezeichnet wird.

**Ionenprodukt des Wassers:** $\quad K \cdot c^2(H_2O) = \boxed{K_W = c(H_3O^+) \cdot c(OH^-)}$

⇨ Auch der Zahlenwert $K_W$ ist temperaturabhängig und beträgt bei 25°C exakt $10^{-14}$ mol$^2$ * l$^{-2}$ ;

### Mehrstufige Protolysen

- Als Protolyse bezeichnet man den Übergang eines Protons (von einem Molekül auf ein anderes);
- Säuren welche mehrere Protonen enthalten wie z.B. Schwefelsäure oder Phosphorsäure geben diese Protononen nacheinander ab:

$$H_2SO_4 + 2H_2O \rightleftharpoons (HSO_4)^- + H_3O^+ + H_2O \rightleftharpoons (SO_4)^{2-} + 2H_3O^+$$

$$\text{Schwefelsäure} \qquad\qquad \text{Hydrogensulfat} \qquad\qquad\qquad \text{Sulfat}$$
$$\text{1. Stufe} \qquad\qquad\qquad\qquad \text{2. Stufe}$$

Mit Phosphorsäure sind sogar drei Protolysestufen

$$H_3PO_4 + 3H_2O \rightleftharpoons (H_2PO_4)^- + H_3O^+ + 2H_2O \rightleftharpoons (HPO_4)^{2-} + 2H_3O^+ + H_2O \rightleftharpoons (PO_4)^{3-} + 3H_3O^+$$

$$\text{Dihydrogenphosphat} \qquad\qquad \text{Hydrogenphosphat} \qquad\qquad \text{Phosphat}$$
$$\text{1. Stufe} \qquad\qquad\qquad \text{2. Stufe} \qquad\qquad\qquad \text{3. Stufe}$$

### Protolysen von Salz-Lösungen

- Löst man ein Salz in Wasser, so zerfällt ES IN Ionengitter. Diese können mit den Wassermolekülen in ProtolYsereaktionen reagieren, sodass sich der pH-Wert der Lösung verändert:

**Beispiele:** $\quad NH_4Cl + H_2O \longrightarrow NH_3 + Cl^- + H_3O^+ \qquad$ Das Dissoziationsgleichgewicht entspricht dem einer schwachen Säure.

$$KCN + H_2O \longrightarrow K^+ + HCN + OH^- \qquad$$ Das Dissoziationsgleichgewicht entspricht dem einer schwachen Base.

## Die Stärke von Säuren und Basen

Der pH-Wert ist als Maß für die Säure- bzw. Basestärke nicht geeignet, da er konzentrationsabhängig ist. Ein Maß für die Stärke einer Säure (Base) ist die **Säurekonstante $K_S$ (Basenkonstante $K_B$)**. Starke Säuren und Basen sind in Wasser (fast) vollständig protolysiert. Schwache Säuren und Basen protolysieren in Wasser unvollständig; es stellt sich ein Protolysegleichgewicht ein.

### $K_S$-Wert:

$HA_{(aq)} + H_2O_{(l)} \rightleftharpoons H_3O^+{}_{(aq)} + A^-{}_{(aq)}$          *(HA=Säure)*

[] = c = Konzentration

$$K_S = \frac{[H_3O^+]*[A^-]}{[HA]} \qquad und \qquad pK_S = -\log_{10}\frac{K_S}{mol*l^{-1}}$$

Je **größer der $K_S$** und je **kleiner der $pK_S$** ist, desto mehr ist die Lage des Protolysengleichgewichts nach rechts verschoben und desto **stärker** ist **die Säure**.

### $K_B$-Wert:

$B_{(aq)} + H_2O_{(l)} \rightleftharpoons HB^+{}_{(aq)} + A^-{}_{(aq)}$          *(B=Base)*

[] = c =Konzentration

$$K_B = \frac{[HB^+]*[OH^-]}{[B]} \qquad und \qquad pK_B = -\log_{10}\frac{K_B}{mol*l^{-1}}$$

Je **größer der $K_B$** und je **kleiner der $pK_B$** ist, desto mehr ist die Lage des Protolysengleichgewichts nach rechts verschoben und desto **stärker** ist **die Base**.

Für ein korrespondierendes Säure/Base-Paar gilt: **$pK_S$ (HA) + $pK_B$ (A⁻) = 14**

## Voraussage von Protolysegleichgewichten:

Die Lage des Gleichgewichts $HA + B \rightleftharpoons A^- + HB^+$ lässt sich ermittelt, indem man $pK_S$ (HA) und $pK_S$ ($HB^+$) vergleicht: Ist HA die stärkere Säure und besitzt daher einen kleineren $pK_S$-Wert als $HB^+$, so ist die Lage des Gleichgewichts nach rechts verschoben. Ist $pK_B$ ($HB^+$) < $pK_S$ (HA), so ist die Lage des Gleichgewichts nach links verschoben. Je größer die Differenz zwischen $pK_S$ (HA) und $pK_B$ ($HB^+$) ist, desto mehr ist die Gleichgewichtslage zugunsten einer Richtung verschoben.

## Wichtige Beziehungen zwischen n, M, c, m, D und V

- Stoffmenge n:

$$n = \frac{m\ (Masse)}{M\ (molare\ Masse)} \qquad Einheit: mol$$

- Stoffmengenkonzentration c:

$$c = \frac{n(gelöster\ Stoff)}{V\ (Lösung)} \qquad Einheit: mol * l^{-1} \quad ; bzw.\ mol/L$$

- Dichte D:

$$D = \frac{m(Masse)}{V\ (Lösung)} \qquad Einheit: g/ml$$

## Berechnung von pH-Werten / pOH-Werten

Der pH-Wert ist definiert als der negative dekadische Logarithmus der Konzentration von Hydronium-Ionen ($H_3O^+$) in wässriger Lösung. Er ist ein Maß für den Säuregehalt einer Lösung und erlaubt die Unterscheidung zwischen Säure und Base.

**Starke Säuren:**  $$pH = -\log_{10} \frac{c0(HA)}{mol*l^{-1}}$$

**Schwache und mittelstarke Säuren:**  $$pH = \frac{1}{2} * (pK_S - \log_{10} \frac{c0(HA)}{mol*l^{-1}})$$

**Starke Basen:**  $$pOH = -\log_{10} \frac{c0(B)}{mol*l^{-1}}$$

**Schwache und mittelstarke Basen:**  $$pOH = \frac{1}{2} * (pK_B - \log_{10} \frac{c0(B)}{mol*l^{-1}})$$

⇨  c0 = Die Anfangskonzentration der Säure, bzw. Base

> Bei vollständiger Protolyse ergibt sich der pH-Wert direkt aus der Ausgangskonzentration. Bei geringem Ausmaß der Protolyse berücksichtigt man die Gleichgewichtslage über die Anwendung von Näherungsformeln.

## Neutralisationsreaktion

- Umsetzung einer Säure mit einer Base = Neutralisation, dabei entsteht Wasser;
- Dabei hebt die Base die Wirkung der Säure bzw. die Säure die Wirkung der Base auf;
- Neutralisationsreaktion = Protolysereaktion => Protonenübertragung von Säure auf Base;
- Säure + Base --> Salz und Wasser

**Titration:**  -  Bei der Titration von Säuren oder Laugen wird die Neutralisationsreaktion zur Bestimmung einer unbekannten Konzentration genutzt;
-  Bei der Zugabe von Säuren in eine Lauge (oder umgekehrt) gilt also für einprotonige Säuren, dass sie gleiche Stoffmengen an Säure oder Lauge enthalten, wenn die Lösung neutral ist => $n_{(Säure)} = n_{(Lauge)}$

### ... einer starken Säure mit einer starken Base

- Aus der dargestellten pH-Änderung bei der Titration einer starken Säure mit einer starken Base ergibt sich die nebenstehende Titrationskurve;
- Äquivalenzpunkt = Wendepunkt der Kurve => Neutralpunkt (pH = 7);
- Erkennung des Äquivalenzpunkts => Säure-Base-Indikatoren;
- Im Bereich des Äquivalenzpunkts ändert sich der pH-Wert sehr stark (pH-Sprung);

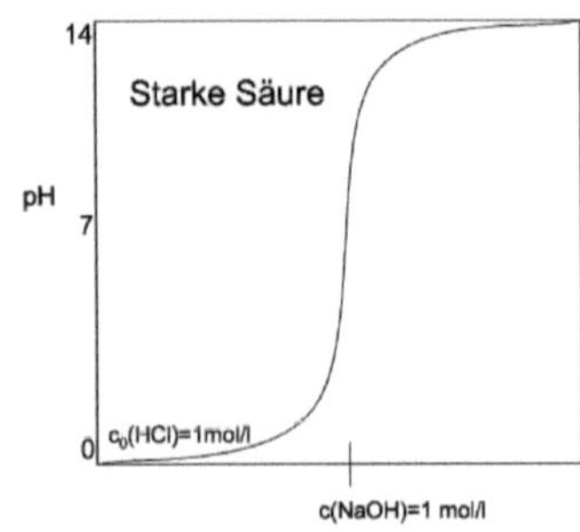

<u>Ausgangskonzentration berechnen:</u> gegeben: V der Lösung unbekannter Konzentration; c der Maßlösung; V der Maßlösung die bis zur Neutralisation verbraucht wurde;

$$c\,(Analyselsg.) = \frac{c\,(Ma\beta lsg.)\cdot V\,(Ma\beta lsg.)}{V\,(Analyselsg.)}$$

### ... einer schwachen Säure mit einer schwachen Base

- Aus der dargestellten pH-Änderung bei der Titration einer schwachen Säure mit einer schwachen Base ergibt sich die nebenstehende Titrationskurve;
- Äquivalenzpunkt = nicht am Neutralpunkt, da schwache Säuren/Basen nicht vollständig dissoziieren;
- Neben dem Äquivalenzpunkt weist die Titrationskurve schwacher Säure bzw. Basen einen zweiten Wendepunkt auf: Halb-Äquivalenzpunkt
  => $pK_s$ = pH & $pK_B$ = pOH;

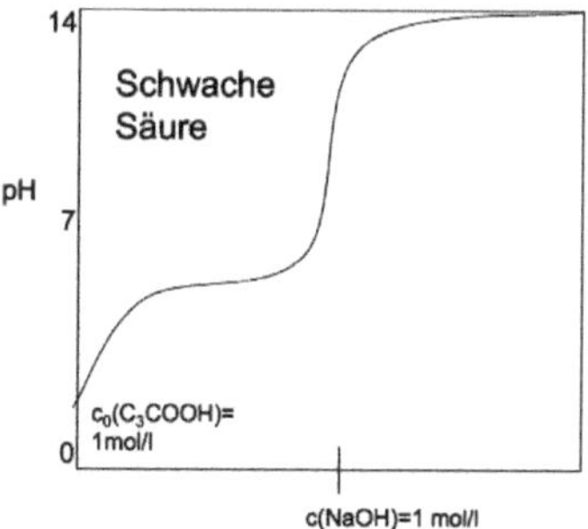